A cultura da participação

CB130644

Clay Shirky

A cultura da participação

Criatividade e generosidade no mundo conectado

Tradução:
Celina Portocarrero

ZAHAR

Para Red Burns

Título original:
Cognitive Surplus
(Creativity and Generosity in a Connected Age)

Tradução autorizada da primeira edição americana,
publicada em 2010 por The Penguin Press,
de Nova York, Estados Unidos

Copyright © Clay Shirky, 2010

Copyright da edição brasileira © 2011:
Jorge Zahar Editor Ltda.
rua Marquês de S. Vicente 99 – 1º | 22451-041 Rio de Janeiro, RJ
tel (21) 2529-4750 | fax (21) 2529-4787
editora@zahar.com.br | www.zahar.com.br

Todos os direitos reservados.
A reprodução não autorizada desta publicação, no todo
ou em parte, constitui violação de direitos autorais. (Lei 9.610/98)

Grafia atualizada respeitando o novo
Acordo Ortográfico da Língua Portuguesa

Preparação: Taís Monteiro | Revisão: Maria Helena Torres, Sandra Mager
Indexação: Clara Vidal | Composição: Letra e Imagem
Capa: Dupla Design | Foto da capa: © Gallo Images-David Malan/Getty Images

CIP-Brasil. Catalogação na fonte
Sindicato Nacional dos Editores de Livros, RJ

Shirky, Clay
S56c A cultura da participação: criatividade e generosidade no mundo conectado / Clay Shirky; tradução Celina Portocarrero. – Rio de Janeiro: Zahar, 2011.

Tradução de: Cognitive surplus: creativity and generosity in a connected age
Inclui índice
ISBN 978-85-378-0518-3

1. Sociedade da informação. 2. Mídia social. 3. Comunicação de massa – Aspectos sociais. I. Título.

CDD: 303.4833
10-6474 CDU: 316.422

Sumário

1. Gim, televisão e excedente cognitivo

Em 1720, Londres estava ocupada ficando bêbada. Muito bêbada. A cidade estava submersa numa embriaguez de gim, em grande parte impulsionada por recém-chegados da zona rural em busca de trabalho. As características do gim eram muito atraentes: fermentado com grãos que podiam ser comprados lá mesmo, com um efeito mais forte do que o da cerveja e sendo consideravelmente menos caro do que o vinho importado, o gim virou um tipo de anestésico para a crescente população que enfrentava os profundos e novos estresses da vida urbana. Esses estresses geraram novos comportamentos, inclusive o que veio a ser chamado de gim-mania.

Carrocinhas de gim cobriam as ruas de Londres; se você não tivesse dinheiro para um copo inteiro, podia comprar um trapo ensopado de gim, e pensões baratas faziam bons negócios alugando sacos de dormir por hora, caso você precisasse curar os efeitos da bebida. Era uma espécie de lubrificante social para pessoas repentinamente atiradas numa vida diferente e muitas vezes implacável, evitando que desmoronassem completamente. O gim oferecia aos consumidores a possibilidade de desmoronar um pouquinho de cada vez. Era um embotamento coletivo, em escala cívica.

A gim-mania foi um fato – o consumo da bebida cresceu dramaticamente nos primeiros anos do século XVIII, enquanto o consumo de cerveja e vinho permaneceu estável. Foi também uma mudança de perspectiva. Ingleses ricos e aristocráticos alarmavam-se cada vez mais com o que viam nas ruas de Londres. A população crescia numa proporção sem precedentes na história, com efeitos previsíveis nas condições de vida e na saúde pública, e crimes de todo tipo se multiplicavam. Mais desconcertante era o fato de as mulheres de Londres terem começado a beber gim, muitas vezes se reunindo em salões frequentados por ambos os sexos, prova incontestável de seus efeitos corrosivos nas normas sociais.

Não é difícil imaginar por que as pessoas estavam bebendo gim. Ele é saboroso e intoxicante, uma combinação atraente, sobretudo quando um mundo caótico pode fazer a sobriedade parecer superestimada. Beber gim foi a maneira de lidar com a situação encontrada por pessoas que de repente se viram amontoadas nas primeiras décadas da era industrial, criando um fenômeno urbano, especialmente concentrado em Londres. Londres era o local de maior influxo populacional acarretado pela industrialização. De meados do século XVII a meados do século XVIII, a população da cidade aumentou duas vezes e meia mais depressa do que a do restante da Inglaterra. Em 1750, um em cada dez cidadãos ingleses vivia lá, comparado com um em cada 25 um século antes.

A industrialização criou não apenas novas formas de trabalho, mas também novos modos de vida, porque a redistribuição da população destruiu antigos hábitos comuns à vida rural, ao mesmo tempo que, com tanta gente reunida num só lugar, a nova densidade populacional destruiu os antigos modelos urbanos. Numa tentativa de restabelecer as normas londrinas pré-industriais, o Parlamento atacou o gim. Começando no final da década de 1720 e continuando pelas três seguintes, aprovou lei após lei proibindo vários aspectos da produção, do consumo ou da venda de gim. Essa estratégia foi ineficaz, para dizer o mínimo. O resultado foi, então, um jogo de gato e rato da legislação para evitar o consumo da bebida durante trinta anos, acompanhado pela ágil invenção de maneiras de burlar essas leis. O Parlamento declarou ilegais as "bebidas aromatizadas", então os destiladores pararam de adicionar bagas de zimbro ao líquido. A venda de gim foi proibida, então mulheres o vendiam em garrafas escondidas sob suas saias, e alguns comerciantes criaram o "gato e miado", uma espécie de armário montado nas ruas, do qual um freguês podia se aproximar e, se soubesse a senha, entregar o dinheiro ao vendedor escondido ali dentro e receber em troca um cálice de gim.

O que acabou com a mania não foi nenhum conjunto de leis. O consumo de gim foi tratado como um problema a ser resolvido, quando de fato era uma reação ao problema real – mudanças sociais dramáticas e a inadaptabilidade de antigos modelos cívicos. O que ajudou a acabar com a gim-mania foi a reestruturação da sociedade em torno de novas realidades urbanas criadas pela inacreditável densidade populacional de Londres, uma reestruturação que a transformou no que identificaríamos como uma das primeiras cidades modernas. Muitas das instituições às quais nos referimos quando falamos em "mundo industrializado" surgiram, na verdade, em resposta ao clima social criado pela industrialização, mais do que à própria industrialização. Grupos de ajuda mútua forneceram um gerenciamento compartilhado de riscos, fora dos tradicionais laços de família e igreja. A disseminação de cafés e restaurantes abertos até mais tarde foi encorajada pela concentração populacional. Partidos políticos começaram a recrutar os citadinos pobres e a apresentar candidatos mais interessados por eles. Essas mudanças surgiram apenas quando a densidade urbana deixou de ser tratada como crise e começou a ser encarada como um simples fato, até mesmo uma oportunidade. O consumo de gim, elevado em parte pelas pessoas que se anestesiavam contra os horrores da vida na cidade, começou a cair, entre outros fatores, porque as novas estruturas sociais abrandaram esses horrores. O aumento tanto da população quanto da renda cumulativa tornou possível o surgimento de novos tipos de instituições; em vez de multidões enlouquecidas, os arquitetos da nova sociedade enxergaram um excedente urbano, criado como efeito colateral da industrialização.

E quanto a nós? Quanto a nossa geração histórica? Essa fatia da população global à qual às vezes ainda nos referimos como "o mundo industrializado" vem, na verdade, evoluindo há algum tempo para uma forma pós-industrial. As tendências pós-guerra de esvaziamento das populações rurais, crescimento urbano e maior densidade suburbana, acompanhadas pelo crescente nível educacional entre quase todas as faixas demográficas, marcaram um forte aumento no número das pessoas pagas para pensar ou falar, mais do que para produzir ou transportar objetos. Durante essa transição, o que foi o nosso gim, o lubrificante essencial que facilitou a transição de um tipo de sociedade para outro?

A televisão. Assistir a novelas, siticoms, seriados e à enorme gama de outros entretenimentos oferecidos pela televisão absorveu a maior parte do tempo livre dos cidadãos do mundo desenvolvido.

Desde a Segunda Guerra Mundial, aumentos no PIB, no nível educacional e na expectativa de vida obrigaram o mundo industrializado a se defrontar com algo com que nunca precisamos lidar em escala nacional: tempo livre. O volume de tempo não comprometido cumulativamente disponível para a população instruída inchou, tanto porque a própria população escolarizada inchou quanto porque a população está vivendo mais e trabalhando menos. (Segmentos da população experimentaram um aumento de instrução e de tempo livre antes da década de 1940, mas isso tendia a acontecer em enclaves urbanos, e a Grande Depressão reverteu grande parte das tendências existentes tanto para mais educação quanto para mais tempo fora do trabalho.) Essa mudança foi acompanhada por um arrefecimento dos usos tradicionais desse tempo livre como resultado da suburbanização – afastamento das cidades e distanciamento de vizinhos – e da periódica relocação das pessoas em função dos empregos. O tempo livre cumulativo nos Estados Unidos pós-guerra começou a atingir bilhões de horas coletivas por ano, ao mesmo tempo em que piqueniques e times de boliche passavam a fazer parte do passado. Então, o que fizemos com todo esse tempo? Na maior parte, vimos televisão.

Assistimos a *I Love Lucy*. Assistimos à *Ilha dos Birutas*. Assistimos a *Malcolm in the Middle*. Assistimos a *Desperate Housewives*. Tínhamos tanto tempo livre para gastar e tão poucas alternativas atraentes com que ocupá-lo, que todos os cidadãos no mundo desenvolvido começaram a ver televisão como se fosse uma obrigação. A TV logo abocanhou a maior fatia do nosso tempo livre: uma média de mais de vinte horas por semana, em todo o mundo.[1] Na história da mídia, apenas o rádio foi tão onipresente, e podia-se ouvir rádio ao realizar outras atividades, como trabalhar ou se locomover. Para a maioria das pessoas, em grande parte das vezes, ver televisão *é* a atividade. (Porque a TV entra pelos olhos bem como pelos ouvidos, imobiliza mesmo os usuários moderadamente atentos, paralisando-os em cadeiras e poltronas, como um prerrequisito de consumo.)

A TV tem sido o nosso gim, uma resposta infinitamente expansível à crise da transformação social, e, assim como o consumo de gim, não é difícil explicar por que as pessoas assistem a determinados programas de televisão – alguns deles são muito bons. O difícil de explicar é como, no espaço de uma geração, assistir TV tornou-se um emprego em meio expediente para todos os cidadãos do mundo desenvolvido. Os toxicólogos gostam de dizer que "a dose faz o veneno"; tanto álcool quanto cafeína são bons com moderação, mas fatais em excesso. Da mesma maneira, a questão da televisão não está no conteúdo de cada um dos programas individualmente, mas em seu volume: o efeito sobre as pessoas, e sobre a cultura como um todo, vem da dosagem. Não vemos apenas TV boa ou TV ruim; vemos de tudo – novelas, sitcoms, comerciais, o canal de compras. A decisão de ver televisão muitas vezes antecede qualquer preocupação com o que está no ar num determinado momento. Não é o que vemos, mas quanto vemos, hora após hora, dia após dia, ano após ano, ao longo de nossas vidas. Alguém nascido em 1960 já viu algo em torno de 50 mil horas de televisão e pode ver outras 30 mil antes de morrer.[2]

Não é um fenômeno exclusivamente americano. Desde a década de 1950, qualquer país com PIB ascendente invariavelmente presenciou uma reorganização das relações humanas; em todo o mundo desenvolvido, as três atividades mais comuns atualmente são trabalhar, dormir e ver TV. Tudo isso apesar da considerável evidência de que ver televisão por tanto tempo é uma fonte real de infelicidade. Num estudo publicado em 2007 no *Journal of Economic Psychology* com o sugestivo título de "Does Watching TV Make Us Happy?" ["Ver TV nos faz felizes?"], os economistas comportamentais Bruno Frey, Christine Benesch e Alois Stutzer concluem não apenas que pessoas infelizes assistem consideravelmente mais televisão do que pessoas felizes, mas, além disso, que ver TV também afasta outras atividades que provocam menos interesse imediato mas que podem produzir maior satisfação a longo prazo.[3] Passar várias horas vendo TV, por outro lado, associa-se a maiores aspirações materiais e a um aumento de ansiedade.

A noção de que ver TV por tanto tempo não pode ser bom para nós foi bastante difundida. Na segunda metade do século passado, os críticos da mídia falaram à exaustão a respeito dos efeitos da televisão sobre a sociedade, desde Newton Minow e sua famosa descrição da TV como um "enorme desperdício" a epítetos como "caixa de idiotas" e "tubo de imbecis", e à cruel caracterização de Roald Dahl como o obcecado telespectador Mike Teavee em *A fantástica fábrica de chocolate*. Apesar de seu sarcasmo, essas acusações têm sido altamente ineficazes – nos últimos cinquenta anos, o número anual de telespectadores só tem aumentado. Conhecemos há décadas os efeitos da televisão na felicidade, primeiro como piada e depois por meio de pesquisas psicológicas, mas isso não impediu seu crescimento como a maneira predominante de empregarmos nosso tempo livre. Por quê?

Pela mesma razão de a proibição do Parlamento não ter reduzido o consumo de gim: o dramático aumento do hábito de ver TV não era o problema, era a reação ao problema. Os seres humanos são criaturas sociais, mas a explosão de nosso excedente de tempo livre coincidiu com uma gradual redução do capital social – nosso estoque de relacionamentos com pessoas nas quais confiamos e das quais dependemos. Uma pista sobre o aumento espantoso do hábito de ver TV é o fato de ele ter substituído outras atividades, sobretudo as atividades sociais. Como observa Jib Fowles em *Why Viewers Watch*, "ver televisão veio a tomar o lugar principalmente de (a) outras diversões, (b) socialização e (c) dormir".[4] Uma das causas dos efeitos negativos da televisão foi a redução da quantidade de contato humano, uma ideia chamada de hipótese de sub-rogação social.

A sub-rogação social tem duas partes. Fowles expressa a primeira – temos, historicamente, visto tanto televisão que ela substitui todos os outros usos do tempo livre, incluindo tempo com os amigos e a família. A outra é que as pessoas que vemos na TV constituem um conjunto de amigos imaginários. Os psicólogos Jaye Derrick e Shira Gabriel, da Universidade de Búfalo, e Kurt Hugenberg, da Miami University de Ohio, concluíram que as pessoas se voltam para os programas preferidos quando se sentem solitárias e que se sentem menos sós quando estão assistindo a tais programas.[5] Essa troca ajuda a explicar como a TV se tornou nossa atividade opcional mais adotada, mesmo em doses que tanto se relacionam com a infelicidade como podem provocá-la: sejam quais forem as desvantagens, é melhor do que se sentir sozinho, mesmo que você realmente esteja. Como é algo que se pode fazer sozinho, ao mesmo tempo em que reduz o sentimento de solidão, ver televisão tem as características certas para se tornar popular à medida que a sociedade se dispersa das cidades superpopulosas e das comunidades rurais muito fechadas em direção à relativa desconexão dos movimentos pendulares e das frequentes relocações dos trabalhadores. Uma vez que haja na casa um aparelho de TV, não há custo extra em assistir uma hora a mais.

Ver televisão cria, assim, uma espécie de monotonia. Como Luigino Bruni e Luca Stanca observam em "Watching Alone", um artigo publicado recentemente no *Journal of Economic Behaviour and Organization*, assistir TV tem um papel decisivo na troca das atividades sociais pelas solitárias.[6] Marco Gui e Luca Stanca retomam o mesmo fenômeno em 2009, em seu artigo "Television Viewing, Satisfaction and Happiness": "A televisão pode exercer um papel significativo no aumento do materialismo e das aspirações materiais das pessoas, levando, assim, os indivíduos a subestimar a importância comparativa das relações interpessoais para uma vida satisfatória e, consequentemente, a superinvestir em atividades geradoras de renda e subinvestir em atividades relacionais."[7] Traduzindo a árida linguagem econômica, *subinvestir em atividades relacionais* significa passar menos tempo com os amigos e a família, exatamente porque ver muita televisão nos leva a despender mais energia com a satisfação material e menos com a satisfação social.

Comecei a refletir sobre nossa crescente decisão de empregar a maior fração do nosso tempo livre para consumir um único veículo de comunicação em 2008, depois da publicação de *Here Comes Everybody*, livro que escrevi sobre mídia social. Uma produtora de TV que tentava decidir se eu deveria ou não ir ao seu programa para discutir o livro perguntou-me: "Que usos interessantes da mídia social você vê agora?"

Falei sobre a Wikipédia, a enciclopédia colaborativa on-line, e sobre o artigo a respeito de Plutão que está no site. Em 2006, Plutão estava sendo colocado para fora do clube dos planetas – astrônomos haviam concluído que ele não era parecido o bastante com os outros planetas para pertencer ao grupo, então propuseram redefinir *planeta* de modo a excluí-lo.[8] Como resultado, a página sobre Plutão na Wikipédia teve um súbito aumento de atividade. As pessoas editavam furiosamente o artigo para explicar a alteração proposta no status de Plutão, e os editores mais comprometidos discordavam entre si sobre como caracterizar melhor a mudança. Durante essa conversa, eles atualizaram o texto – contestando partes dele, frases e até a escolha de palavras – até transformar a essência do artigo de "Plutão é o nono planeta" em "Plutão é uma rocha de formato estranho, com uma órbita de formato estranho, no limite do sistema solar".

Supus que a produtora e eu iríamos discutir a construção social do conhecimento, a natureza da autoridade ou qualquer dos outros tópicos com frequência gerados pela Wikipédia. Mas ela não me fez nenhuma dessas perguntas. Em vez disso, suspirou e disse: "Onde as pessoas encontram tempo?" Ao ouvir isso, eu a interrompi: "Ninguém que trabalha na televisão pode fazer essa pergunta. Você sabe de onde vem o tempo." Ela sabia, porque trabalhava numa indústria que vem devorando a maior parte do nosso tempo livre há cinquenta anos.

Imagine tratar o tempo livre dos cidadãos escolarizados do mundo como um coletivo, uma espécie de excedente cognitivo. Que tamanho teria esse excedente? Para calcular, precisamos de uma unidade de medida, então vamos começar com a Wikipédia. Suponhamos que consideremos a quantidade total de tempo que as pessoas gastaram com ela um tipo de unidade – todas as edições feitas em todos os artigos e todos os debates a respeito dessas edições em todos os idiomas nos quais a Wikipédia existe. Isso representaria algo em torno de 100 milhões de horas de pensamento humano para o tempo que gastei conversando com a produtora de TV. (Martin Wattenberg, um pesquisador da IBM que passou algum tempo estudando a Wikipédia, ajudou-me a chegar a esse número. É um cálculo feito às pressas, mas tem a ordem de grandeza correta.)[9] Cem milhões de horas de pensamento cumulativo são, evidentemente, muita coisa. Mas quanto é isso comparado ao total de tempo que passamos vendo televisão?

Os americanos assistem TV durante cerca de 200 *bilhões* de horas por ano. Isso representa o gasto de tempo livre em mais ou menos 2 mil projetos na Wikipédia por ano. Mesmo ínfimas porções desse tempo são enormes: só vendo comerciais, gastamos cerca de 100 milhões de horas por final de semana. É um excedente bem grande. As pessoas que perguntam "Onde eles encontram tempo?", referindo-se aos que trabalham na Wikipédia, não compreendem como todo aquele projeto é minúsculo em relação ao tempo livre coletivo que todos possuímos. Algo que torna a era atual notável é que podemos agora tratar o tempo livre como um bem social geral que pode ser aplicado a grandes projetos criados coletivamente, em vez de um conjunto de minutos individuais a serem aproveitados por uma pessoa de cada vez.

A sociedade, a princípio, nunca sabe bem o que fazer com qualquer excedente. (É o que faz disso um excedente.) Quando tivemos um excedente realmente em larga escala de tempo livre – bilhões e depois trilhões de horas por ano –, nós gastamos a maior parte dele consumindo televisão, porque julgamos esse modo de utilizar o tempo melhor do que as alternativas disponíveis. Sem dúvida, poderíamos ter feito atividades ao ar livre, ou lido livros, ou feito música com os amigos, mas na maioria das vezes não o fizemos, porque os preparativos para essas atividades eram enormes, comparados a apenas sentar e assistir. A vida no mundo desenvolvido inclui uma quantidade enorme de participação passiva: no trabalho, somos malandros e, em casa, somos bichos-preguiça. O padrão é bastante simples de explicar quando se assume que quisemos ser participantes passivos mais do que quisemos outras coisas. Essa história é há muitas décadas bastante plausível; inúmeras provas sem dúvida corroboram esse ponto de vista, e não há muitas que o contradigam.

Mas agora, pela primeira vez na história da televisão, alguns grupos de jovens estão vendo menos TV do que os mais velhos.[10] Diversos estudos populacionais – entre alunos de ensino médio, usuários de banda larga, usuários do YouTube – registraram a mudança, e sua observação básica é sempre a mesma: populações jovens com acesso à mídia rápida e interativa afastam-se da mídia que pressupõe puro consumo.[11] Mesmo quando assistem a vídeos on-line, aparentemente uma mera variação da TV, eles têm oportunidades de comentar o material, compartilhá-lo com os amigos, rotulá-lo, avaliá-lo ou classificá-lo e, é claro, discuti-lo com outros espectadores por todo o mundo. Como observou Dan Hill num famoso ensaio on-line, "Why *Lost* Is Genuinely New Media", os espectadores de *Lost* não eram apenas espectadores – eles criaram, em conjunto, um compêndio de materiais relativos à série chamado (e como seria?) Lostpedia.[12] Em outras palavras, mesmo quando ocupados em ver TV, muitos membros da população internauta estão ocupados uns com os outros, e esse entrosamento se correlaciona com comportamentos que não são os do consumo passivo.

As escolhas que levam à redução do consumo de televisão são ao mesmo tempo ínfimas e enormes. As escolhas ínfimas são individuais; alguém simplesmente decide passar a hora seguinte falando com os amigos, jogando ou criando algo em vez de apenas assistir. As escolhas enormes são coletivas, um somatório daquelas escolhas ínfimas feitas por milhões de pessoas; o deslocamento cumulativo de toda uma população em direção à participação permite a criação de uma Wikipédia. A indústria televisiva está se surpreendendo ao ver usos alternativos do tempo livre, sobretudo entre os jovens, porque a noção de que ver TV era o melhor emprego do tempo livre, ratificada pelos telespectadores, foi uma característica estável da sociedade por muito tempo. (Charlie Leadbeater, especialista britânico em trabalho colaborativo, conta que um executivo de televisão lhe disse, há pouco tempo, que o comportamento participativo dos jovens vai desaparecer quando eles amadurecerem, porque o trabalho os esgotará tanto que eles não serão capazes de fazer outra coisa com o tempo livre além de "desabar na frente da televisão".)[13] Acreditar que a antiga estabilidade desse comportamento significava que ele seria um comportamento estável no futuro também demonstrou ser um erro – e não apenas um erro qualquer, mas de um tipo especial.

Erros milk-shake

Quando o McDonald's quis aumentar as vendas de seus milk-shakes, contratou pesquisadores para determinar que características atraíam os consumidores. Os milk-shakes deveriam ser mais grossos? Mais doces?

Mais gelados? Quase todos os pesquisadores se concentraram no produto. Mas um deles, Gerald Berstell, preferiu ignorar a bebida em si e, em vez disso, estudar os consumidores.[14] Sentou-se um dia num McDonald's por dezoito horas, observando quem comprava milk-shakes e em que horário. Uma descoberta surpreendente foi que muitos milk-shakes eram comprados de manhã cedo – estranho, porque consumir um milk-shake às oito da manhã decididamente não combina com o modelo ovos com bacon de café da manhã. Berstell também reuniu três outros indícios comportamentais da turma do milk-shake matinal: os compradores estavam sempre sozinhos, poucas vezes compravam algo além da bebida e nunca a consumiam na loja.

Os consumidores matinais de milk-shake eram claramente pessoas em trânsito, que pretendiam tomá-lo enquanto dirigiam para o trabalho. Esse comportamento era bastante evidente, mas os outros pesquisadores não o perceberam porque ele não se adequava ao pensamento comum tanto sobre milk-shakes quanto sobre café da manhã. Como Berstell e seus colegas observaram em "Finding the Right Job for Your Product", ensaio publicado na *Harvard Business Review*, a chave para compreender o que estava acontecendo era ignorar as noções tradicionais de refeição matinal e parar de ver o produto isoladamente. Berstell focou em uma única e simples pergunta: "Para que tarefa um consumidor está contratando aquele milk-shake às oito da manhã?"

Se você quer comer enquanto dirige, precisa de algo que possa comer com uma das mãos. Não pode ser muito quente, fazer muita sujeira ou ser muito gorduroso. Também deve ter sabor agradável e demorar um pouco para acabar. Nenhum dos itens convencionais do café da manhã reúne tudo isso, então, sem ligar para as sagradas tradições da refeição matinal, aqueles consumidores contratavam o milk-shake para fazer a tarefa de que precisavam.

Todos os pesquisadores, menos Berstell, deixaram escapar esse fato, porque cometeram dois tipos de erro, que podemos chamar de "erros milk-shake". O primeiro foi se concentrar principalmente no produto e deduzir que tudo o que havia de importante estava de algum modo implícito em seus atributos, sem se preocupar com o papel que os consumidores desejavam que ele representasse – o trabalho para o qual estavam contratando o milk-shake.

O segundo erro foi adotar uma visão limitada do tipo de comida que as pessoas sempre comem de manhã, como se todos os hábitos fossem tradições profundamente arraigadas em vez de acasos acumulados. Nem a bebida em si nem a história do café da manhã importavam tanto quanto a necessidade dos consumidores de que a comida desempenhasse uma tarefa não tradicional – servir como sustento e diversão para seu deslocamento matinal –, para a qual contrataram o milk-shake.

Temos os mesmos problemas ao pensar na mídia. Quando falamos dos efeitos da web ou das mensagens de texto, é fácil cometer um erro milk-shake e se concentrar nas próprias ferramentas. (Falo por experiência própria – grande parte do trabalho que fiz em 1990 enfocava obsessivamente as possibilidades dos computadores e da internet, com pouquíssimo interesse pelo modo como os desejos humanos os moldavam.)

Os usos sociais de nossos novos mecanismos de mídia estão sendo uma grande surpresa, em parte porque a possibilidade desses usos não estava implícita nos próprios mecanismos. Uma geração inteira cresceu com tecnologia pessoal, do rádio portátil ao PC, portanto era de esperar que eles também colocassem na nova mídia mecanismos para uso pessoal. Mas o uso de uma tecnologia social é muito pouco determinado pelo próprio instrumento; quando usamos uma rede, a maior vantagem que temos é acessar uns aos outros. Queremos estar conectados uns aos outros, um desejo que a televisão, enquanto substituto social, elimina, mas que o uso da mídia social, na verdade, ativa.

Também é fácil afirmar que o mundo como é atualmente representa algum tipo de expressão ideal da sociedade e que todos os desvios dessa tradição sagrada são tão repugnantes quanto nocivos. Embora a internet já tenha quarenta anos, e a web metade dessa idade, algumas pessoas ainda estão perplexas com o fato de que membros individuais da sociedade, antes felizes em passar a maior parte do seu tempo livre consumindo, comecem voluntariamente a fazer e a compartilhar coisas.

Esse fazer e compartilhar é sem dúvida uma surpresa, comparado ao comportamento anterior. Mas o puro consumo da mídia nunca foi uma tradição sagrada; era apenas um conjunto de acasos acumulados, acasos que estão sendo desfeitos à medida que as pessoas começam a empregar novos mecanismos de comunicação para realizar tarefas que a antiga mídia simplesmente não pode fazer.

Para dar um exemplo, um serviço chamado Ushahidi foi desenvolvido para ajudar cidadãos a rastrear explosões de violência étnica no Quênia. Em dezembro de 2007, uma disputada eleição jogou partidários e oponentes do presidente Mwai Kibaki uns contra os outros.[15] Ory Okolloh, uma ativista política queniana, escreveu em seu blog um texto sobre a violência quando o governo queniano proibiu que a mídia convencional a divulgasse.[16] Ela pediu então a seus leitores que mandassem por e-mail ou postassem comentários em seu blog sobre a violência que testemunhavam. O método provou ser tão popular que o blog, Kenyan Pundit, tornou-se uma importante fonte de relato na primeira pessoa. As observações continuaram a jorrar e, em poucos dias, Okolloh não conseguiu mais dar conta. Ela imaginou um serviço, que chamou de Ushahidi ("testemunha" ou "testemunho", em suaíli), que agregaria automaticamente os depoimentos dos cidadãos (ela estava fazendo isso pessoalmente), com o valor adicional de localizar os ataques denunciados num mapa quase em tempo real. Ela descreveu a ideia no blog, que atraiu a atenção dos programadores Erik Hersman e David Kobia. Os três se reuniram numa teleconferência, discutiram como poderia funcionar um serviço desses e, em três dias, nasceu a primeira versão do Ushahidi.

As pessoas normalmente só ficam sabendo de violência do tipo que ocorreu depois da eleição queniana quando ela acontece por perto. Não há fonte pública que os indivíduos possam consultar para localizar pontos críticos, seja para compreender o que se passa ou para oferecer ajuda. Temos sistematicamente confiado nos governos ou na mídia profissional para nos informar a respeito da violência coletiva, mas no Quênia, no início de 2008, os profissionais não a cobriam, fosse por fervor partidário ou por censura, e o governo não estimulava qualquer relato.

O Ushahidi foi desenvolvido para agregar esse conhecimento disponível, mas disperso, para reunir coletivamente todas as pequenas e sucessivas informações de testemunhas individuais num quadro nacional. Mesmo que a informação que o público desejava existisse em algum lugar no governo, o Ushahidi era movido pela ideia de que reconstituí-la a partir do zero, com a contribuição dos cidadãos, era mais fácil do que tentar obtê-la junto às autoridades. O projeto começou como um website, mas os desenvolvedores do Ushahidi logo adicionaram a possibilidade de submeter informações através de mensagens de texto enviadas de telefones celulares, e foi a partir daí que os relatos realmente jorraram. Muitos meses depois que o Ushahidi foi lançado, a Harvard's Kennedy School of Government fez uma análise que comparava os dados do site com os da mídia tradicional e concluiu que o Ushahidi havia sido melhor em relatar atos de violência quando eles eram deflagrados, assim como depois de ocorridos; melhor em apontar atos de violência não fatal, mas que são com frequência precursores de mortes; e melhor em fornecer dados que abrangiam uma área geográfica ampla, incluindo distritos rurais.[17]

Toda essa informação foi útil – governos do mundo inteiro agem com menos violência em relação a seus cidadãos quando estão sendo observados, e ONGs quenianas usaram os dados para alcançar respostas humanitárias. Mas aquele era apenas o começo. Percebendo o potencial do site, os fundadores decidiram transformar o Ushahidi numa plataforma, para que qualquer um pudesse montar seu próprio serviço de coleta e mapeamento de informações recebidas por mensagem de texto. A ideia de facilitar o direcionamento de vários tipos de conhecimento coletivo foi disseminada a partir do contexto original queniano. Desde seu lançamento, no começo de 2008, o Ushahidi já foi usado para rastrear atos similares de violência na República Democrática do Congo, para monitorar locais de votação e prevenir fraudes eleitorais na Índia, no México e no Brasil, para conferir suprimentos de remédios vitais em diversos países do leste da África e para localizar os feridos após os terremotos no Haiti e no Chile.

Um punhado de pessoas trabalhando com ferramentas baratas e pouco tempo ou dinheiro para gastar conseguiu desencavar na comunidade boa vontade coletiva suficiente para criar um recurso que, cinco anos antes, ninguém teria imaginado. Como todas as boas histórias, a do Ushahidi traz várias lições diferentes. As pessoas querem fazer algo para transformar o mundo em um lugar melhor. Ajudam, quando convidadas a fazê-lo. O acesso a ferramentas baratas e flexíveis remove a maioria das barreiras para tentar coisas novas. Você não precisa de supercomputadores para direcionar o excedente cognitivo; simples telefones são suficientes. Mas uma das lições mais importantes é esta: quando você tiver descoberto como direcionar o excedente de modo que as pessoas se importem, outros podem reproduzir a sua técnica, cada vez mais, por todo o mundo.

O Ushahidi.com, concebido para ajudar uma população desesperada numa época difícil, é notável, mas nem todos os novos mecanismos de comunicação são tão civicamente engajados; na verdade, a maioria não é. Para cada projeto notável como o Ushahidi ou a Wikipédia, há incontáveis peças de trabalho inútil, criadas com pouco esforço e não visando a qualquer efeito positivo maior do que o humor grosseiro. O exemplo clássico atual é o *lolcat*, uma imagem bonitinha de um gato que é tornada ainda mais bonitinha pelo acréscimo de uma legenda engraçadinha, sendo o efeito ideal de "gato mais legenda" o de fazer o espectador rir alto, em inglês *laugh out loud*, cujas iniciais *lol* são somadas ao *cat* (gato), criando assim *lolcat*. A maior coleção dessas imagens está num website chamado ICanHasCheezburger.com, cujo nome deriva de sua imagem inaugural: um gato cinza, com a boca aberta e um olhar fixo de maníaco, carregando a legenda "I Can Has Cheezburger?", que em português seria algo como "Posso Cumê Xburguer?" (*Lolcats*, sabidamente, não são bons em ortografia). ICanHasCheezburger.com tem mais de 3 mil imagens *lolcat* – "dia tah horrível", "vlw to robano 1 pco du teu rango", "gato ladraum cumeu teu paum" –, cada uma delas acumulando dúzias ou centenas de comentários, também escritos em "linguagem lol". Estamos bem longe do Ushahidi aqui.

Qualifiquemos a criação de um *lolcat* de o ato criativo mais estúpido possível. (Há outros candidatos, é claro, mas *lolcats* servem como exemplo geral.) Criada depressa e com um mínimo de técnica, a imagem *lolcat* média tem o valor social de uma almofada de pum e a duração de vida cultural de um efemeróptero. Mesmo assim, qualquer pessoa que veja um *lolcat* recebe uma segunda mensagem correlacionada: *Você também pode brincar disto*. Exatamente porque os *lolcats* são criados de forma tão transparente, qualquer um pode acrescentar uma legenda idiota a uma imagem de um gato bonitinho (ou cachorro, ou hamster, ou morsa – Cheezburger é uma oportunidade democrática de perda de tempo) e então partilhar essa criação com o mundo.

Imagens *lolcat*, imbecis como são, têm, internamente, regras consistentes, desde "As legendas devem ser redigidas foneticamente" até "Os títulos devem ser feitos em fonte sem serifa". Em outras palavras, até nas profundidades estipuladas de imbecilidade, há maneiras de fazer um *lolcat* errado, o que significa que há maneiras de fazê-lo certo, o que quer dizer que há alguma medida de qualidade, mesmo que limitada. Por menos que o mundo precise do próximo *lolcat*, a mensagem *Você também pode brincar disto* é algo diferente do que estávamos acostumados a fazer no panorama da mídia. O ato criativo mais estúpido possível ainda é um ato criativo.

Grande parte da objeção a *lolcats* concentra-se no quanto são estúpidos; mesmo um *lolcat* engraçado não acrescenta muito. No espectro do trabalho criativo, a diferença entre o medíocre e o bom é ampla. A mediocridade, porém, ainda faz parte do espectro; você pode ir do medíocre ao bom por incrementos. A grande distância está entre não fazer nada e fazer alguma coisa, e alguém fazendo *lolcats* atravessou essa distância.

Enquanto o propósito declarado da mídia é permitir que pessoas comuns consumam produtos criados por profissionais, a proliferação de coisas feitas por amadores pode parecer incompreensível. O que os amadores fazem é tão, bem, não profissional – *lolcats* como um tipo de substituto de qualidade inferior para o Cartoon Network. Mas e se, durante todo esse tempo, fornecer material profissional não foi a única tarefa para a qual contratamos a mídia? E se também a tivermos contratado para fazer com que nos sintamos conectados, engajados, ou apenas menos solitários? E se nós sempre quisemos produzir tanto quanto consumir, só que ninguém tinha nos oferecido essa oportunidade? O prazer em *Você também pode brincar disto* não reside apenas no fazer, reside também no compartilhar. A expressão "conteúdo gerado por usuários", a marca atual para atos criativos feitos por amadores, na verdade, descreve atos não apenas pessoais, mas também sociais. *Lolcats* não são apenas gerados por usuários; são compartilhados por usuários. Compartilhar, na verdade, é o que torna divertido fazer – ninguém criaria um *lolcat* só para si mesmo.

A atomização da vida social no século XX deixou-nos tão afastados da cultura participativa que, agora que ela voltou a existir, precisamos da expressão "cultura participativa" para descrevê-la. Antes do século XX, realmente não tínhamos uma expressão para cultura participativa; na verdade, isso teria sido uma espécie de tautologia. Uma fatia expressiva da cultura era participativa – encontros locais, eventos e performances – porque de onde mais poderia vir a cultura? O simples ato de criar algo com outras pessoas em mente e então compartilhá-lo com elas representa, no mínimo, um eco daquele antigo modelo de cultura, agora em roupagem tecnológica. Uma vez aceita a ideia de que de fato gostamos de fazer e compartilhar coisas, por mais imbecis em conteúdo ou pobres em execução que sejam, e que fazermos rir uns aos outros é um tipo de atividade diferente de ser levado a rir por pessoas pagas para nos fazer rir, então sob vários aspectos o Cartoon Network é um substituto de qualidade inferior para os *lolcats*.

Mais é diferente

Quando alguém observa uma nova expansão cultural como o Wikipédia, o Ushahidi ou os *lolcats*, responder à pergunta *Onde as pessoas encontram tempo?* é surpreendentemente fácil. Sempre encontramos tempo para fazer coisas que nos interessam, exatamente porque nos interessam, um recurso pelo qual lutamos na batalha para criar a semana de quarenta horas de trabalho. Na época dos protestos do final do século XIX por melhores condições de trabalho, uma das músicas populares entre os operários era "Oito horas para trabalhar, oito horas para dormir, oito horas para fazer o que quisermos!". Há mais de um século, a disponibilidade explícita e específica de mais tempo não comprometido tem feito parte da barganha da industrialização. Nos últimos cinquenta anos, porém, temos gastado a maior fatia desse tempo conquistado a duras penas em uma única atividade, um comportamento tão universal que nos esquecemos de que nosso tempo livre sempre foi nosso, para fazermos com ele o que quisermos.

Aqueles que perguntam *Onde as pessoas encontram tempo?* não estão em geral querendo uma resposta; a pergunta é retórica e indica que quem a enuncia acredita que determinadas atividades são estúpidas. Em minha conversa com a produtora de TV, também mencionei World of Warcraft, um jogo on-line ambientado num reino imaginário de cavaleiros, elfos e demônios malignos. Muitos dos desafios do Warcraft são tão difíceis que não podem ser resolvidos individualmente pelos jogadores; em vez disso, eles precisam se agrupar em guildas, complexas estruturas sociais internas do jogo com dezenas de membros, cada um deles realizando tarefas especializadas. À medida que eu descrevia essas guildas e o trabalho que elas exigem de seus membros, podia adivinhar o que ela pensava dos jogadores de Warcraft: homens e mulheres adultos sentados em suas casas fingindo ser elfos? Fracassados.

A resposta óbvia é: pelo menos eles estão fazendo algo.

Você alguma vez assistiu ao episódio da *Ilha dos Birutas* em que eles quase conseguem sair da ilha e então Gilligan estraga tudo? Eu vi inúmeras vezes quando era adolescente. E cada meia hora que eu gastava nisso era meia hora na qual eu não estava compartilhando fotos ou postando vídeos, ou conversando com alguém de uma lista de contatos. Eu tinha uma excelente desculpa – nenhuma dessas coisas podia ser feita na minha juventude, quando eu entregava minhas mil horas anuais a Gilligan, à Família Dó Ré Mi e às Panteras. Por mais patético que você possa considerar alguém se sentar fazendo de conta que é um elfo, posso falar por experiência própria: é pior ficar sentado tentando descobrir quem é mais bonita, a Ginger ou a Mary Ann.

Dave Hickey, o iconoclasta historiador de arte e crítico cultural, escreveu em 1997 um ensaio chamado "Romancing the Looky-Loos", no qual discorria sobre as diversas plateias de música.[18] O título do ensaio vinha do fato de ouvir o pai, um músico, chamar determinado tipo de espectador de *looky-loo*, gente que estava lá apenas para consumir. Ser um *looky-loo* é comparecer a um evento, em especial a um evento ao vivo, e agir como se estivesse assistindo a ele negligentemente na televisão: "Eles pagam seu dólar na entrada, mas não contribuem de maneira alguma para a ocasião – não demonstram qualquer aprovação ou rejeição com a qual pudéssemos melhorar, piorar ou simplesmente considerar o trabalho feito."

Participantes são diferentes. Participar é agir como se sua presença importasse, como se, quando você vê ou ouve algo, sua resposta fizesse parte do evento. Hickey cita o músico Waylon Jennings, que falou sobre como é tocar para uma plateia participativa: "Eles vão nos ver em pequenas casas de espetáculos porque compreendem o que estamos fazendo, então nos sentimos como se estivéssemos fazendo aquilo para eles. E quando você comete um erro nesses lugares, sabe disso na mesma hora." Participantes dão retorno, *looky-loos* não. A participação pode acontecer depois do evento – para comunidades inteiras, filmes, livros e programas de televisão criam mais do que uma oportunidade de consumo; criam uma oportunidade para responder e discutir, argumentar e criar.

A mídia no século XX voltava-se para um único enfoque: consumo. A pergunta estimulante da mídia nessa época era: *Se produzirmos mais, vocês consumirão mais?* A resposta a essa pergunta foi em geral positiva, já que o indivíduo médio consumia mais TV a cada ano. Mas a mídia é na verdade como um triatlo, com três enfoques diferentes: as pessoas gostam de consumir, mas também gostam de produzir e de compartilhar. Sempre gostamos dessas três atividades, mas até há pouco tempo a mídia tradicional premiava apenas uma delas.

Há um desequilíbrio na televisão – se eu possuo um canal de TV e você tem um aparelho de televisão, eu posso falar com você, mas você não pode falar comigo. Telefones, por sua vez, são equilibrados; se você compra o meio de consumo, automaticamente possui o meio de produção. Quando compramos um telefone, ninguém pergunta se queremos apenas ouvir ou se também queremos falar. A participação é inerente ao telefone, e o mesmo acontece com o computador. Quando compramos uma máquina que permite o consumo de conteúdo digital, também compramos uma máquina para produzi-lo. Mais ainda, podemos compartilhar material com os amigos e falar sobre o que consumimos, produzimos ou compartilhamos. Não se trata de características adicionais; elas são parte do pacote básico.

Diariamente se acumulam provas de que, se você oferecer às pessoas a oportunidade de produzir e compartilhar, elas às vezes lhe darão um belo retorno, mesmo que nunca tenham se comportado antes dessa maneira e mesmo que não sejam tão boas nisso quanto os profissionais. Isso não quer dizer que deixarão de ver televisão negligentemente. Significa apenas que o consumo não será mais a única maneira como usamos a mídia. E qualquer mudança, ainda que mínima, na maneira como usamos um trilhão de horas livres por ano parece ser muita coisa.

Expandir o nosso foco para incluir produção e compartilhamento nem sempre requer grandes alterações no comportamento individual para gerar enormes mudanças no resultado. O excedente cognitivo do mundo é tão grande que pequenas mudanças podem ter enormes ramificações no total. Imagine que tudo permaneça 99% na mesma, que as pessoas continuem a consumir 99% da televisão que costumavam consumir, mas 1% desse tempo seja destinado a produzir e compartilhar. A população conectada ainda assiste a televisão mais de um trilhão de horas por ano; 1% disso é mais do que uma centena de participações úteis na Wikipédia por ano.

A escala é parte importante da história, porque o excedente precisa ser acessível no todo. Para que coisas como o Ushahidi funcionem, as pessoas devem ser capazes de doar seu tempo livre a esforços coletivos e produzir um excedente cognitivo, em vez de fazer apenas um monte de esforços individuais minúsculos e desconexos. Parte da história da escala agregada tem a ver com o modo como a população instruída usa seu tempo livre, mas outra parte está ligada ao próprio agregamento, com o fato de estarmos cada vez mais conectados num único panorama de mídia compartilhado. Em 2011, a população global conectada na internet deve passar de 2 bilhões de pessoas, e o número de telefones celulares já ultrapassa 3 bilhões.[19] Considerando que há mais ou menos 4,5 bilhões de adultos no mundo (cerca de 30% da população global tem menos de quinze anos), vivemos, pela primeira vez na história, em um mundo no qual ser parte de um grupo globalmente interconectado é a situação normal da maioria dos cidadãos.[20]

A escala faz com que grandes excedentes funcionem diferentemente de pequenos. Descobri esse princípio há três décadas, quando meus pais me mandaram a Nova York para visitar um primo como presente pelo meu aniversário de dezesseis anos. Minha reação foi bem parecida com o que se poderia esperar de um garoto do meio-oeste jogado naquele ambiente – perplexidade com os prédios, as multidões e a confusão –, mas, além de todas as coisas grandes, observei uma pequena, e isso mudou minha percepção do possível: pizza em fatias.

Quando era mais novo, tinha trabalhado numa cadeia de pizzarias chamada Ken's. Ali eu aprendi isto: um cliente pede a pizza. Você faz a pizza. Vinte minutos depois você a entrega ao cliente. Era simples e previsível. Mas pizza em fatias não é nem de longe a mesma coisa. Você nunca sabe quem vai querer uma fatia, mas precisa fazer uma pizza inteira antes, porque tudo o que importa para o cliente é entrar e sair em muito menos de vinte minutos com um pedaço de pizza muito menor do que uma forma inteira.

O significado de pizza em fatias, que me atingiu aos dezesseis anos, é que, com uma multidão grande o bastante, fatos imprevisíveis se tornam previsíveis. Você não precisa saber quem vai querer pizza em determinado dia para ter certeza de que alguém vai querê-la, e, uma vez que a certeza da demanda esteja dissociada dos clientes individuais e realocada para o coletivo, tipos de atividades inteiramente novos se tornam possíveis. (Se eu, aos dezesseis anos, tivesse mais capital de giro, teria descoberto o mesmo princípio observando a lógica de chamar um táxi *versus* esperar o ônibus no ponto.) Generalizando, a plausibilidade de um evento é a probabilidade de que ele aconteça multiplicada pela frequência com que pode acontecer. Onde eu cresci, as chances de que alguém quisesse uma fatia de pizza às três da tarde eram pequenas demais para que se corresse o risco. Na esquina da rua 34 com a Sexta avenida, por outro lado, você podia construir todo um negócio baseado nessas apostas. Qualquer acontecimento humano, por mais improvável que seja, vê sua probabilidade crescer numa multidão. Grandes excedentes são diferentes de pequenos excedentes.

Nas palavras do físico Philip Anderson, "mais é diferente".[21] Quando você agrega uma grande quantidade de alguma coisa, ela se comporta de novas maneiras, e nossos novos mecanismos de comunicação estão agregando nossa capacidade individual de criar e compartilhar em níveis inéditos. Considere esta pergunta, cuja resposta mudou drasticamente nos últimos anos: quais são as chances de que alguém com uma câmera se depare com um acontecimento de importância global? Se você calcular sua resposta a partir de um ponto de vista egocêntrico – quais são as chances de que eu testemunhe um acontecimento desses? –, são poucas, na verdade infimamente pequenas. E calcular a partir da chance individual pode fazer com que a possibilidade total também pareça pequena.

Uma razão pela qual temos tanta dificuldade de pensar em mudanças culturais geradas pelos novos mecanismos de comunicação é que a visão egocêntrica é a maneira errada de abordá-las. A possibilidade de que alguém com uma câmera se depare com um evento de importância global é simplesmente o número de testemunhas do evento multiplicado pelo percentual delas que tem uma câmera. Esse primeiro número vai flutuar para cima e para baixo dependendo do evento, mas o segundo número, a quantidade de pessoas carregando câmeras, cresceu de alguns milhões no mundo em 2000 para mais de 1 bilhão hoje.[22] Câmeras são agora embutidas em telefones, aumentando o número de pessoas que as levam consigo o tempo todo.

Vimos os efeitos dessa nova realidade dezenas de vezes: as bombas nos transportes de Londres em 2005, o golpe na Tailândia em 2006, a morte de Oscar Grant pela polícia em Oakland em 2008, as agitações após as eleições iranianas em 2009 – todos esses eventos e inúmeros outros foram documentados com câmeras de celulares e depois disponibilizados na web e mostrados ao mundo. A chance de que alguém com uma câmera se depare com um acontecimento de importância global está se tornando rapidamente igual à de que tal evento tenha qualquer testemunha. Esses tipos de mudança em escala significam que eventos antes impossíveis tornam-se prováveis e que eventos antes improváveis tornam-se certezas. Antes confiávamos em fotojornalistas profissionais para documentar tais eventos, mas agora estamos cada vez mais criando uma infraestrutura coletiva e recíproca. O fato de que aprendemos cada vez mais sobre o mundo através do que estranhos aleatoriamente escolhem tornar público pode ser uma forma insensível de encarar o compartilhamento, mas até mesmo isso tem algum benefício para humanidade. Como o protagonista de Kurt Vonnegut diz no final de *The Sirens of Titan*, "o pior que poderia talvez acontecer a alguém seria não ser usado para coisa alguma por ninguém". As formas como estamos combinando nosso excedente cognitivo torna esse destino menos provável hoje em dia.

Como cada vez mais produzimos e compartilhamos mídia, precisamos reaprender o que cada palavra pode significar. A simples noção de *mídia* é a camada intermediária em qualquer meio de comunicação, seja ele tão antigo quanto o alfabeto ou tão recente quanto o telefone celular. Além dessa definição direta e relativamente neutra, há outra noção, herdada dos padrões de consumo de mídia ao longo das últimas décadas, de que mídia se refere a um conjunto de negócios, de jornais e revistas até rádio e televisão, com maneiras específicas de produzir material e formas específicas de fazer dinheiro. E, enquanto usarmos "mídia" para nos referirmos apenas a esses negócios e a esse material, a palavra será um anacronismo, inadequada ao que acontece hoje em dia. Nossa capacidade de equilibrar consumo, produção e compartilhamento, nossa habilidade de nos conectarmos uns aos outros, está transformando o conceito de mídia, de um determinado setor da economia em mecanismo barato e globalmente disponível para o compartilhamento organizado.

Um novo recurso

Este livro trata do novo recurso que surgiu quando o tempo livre cumulativo mundial pôde ser considerado em sua totalidade. As duas transições mais importantes que nos permitem acessar esse recurso já aconteceram

– a criação de muito mais de 1 trilhão de horas de tempo livre por ano na parte instruída da população mundial, e a invenção e a disseminação da mídia pública, que permite aos cidadãos comuns, antes deixados de fora, o uso desse tempo livre na busca de atividades das quais gostem ou com as quais se importem. Esses dois fatos são comuns a todos os casos neste livro, do trabalho humanitário como o Ushahidi a meras brincadeiras como os *lolcats*. Compreender essas duas mudanças, tão diferentes do panorama da mídia do século XX, é apenas o começo da compreensão do que está acontecendo hoje e do que será possível amanhã.

Meu livro anterior, *Here Comes Everybody*, aborda o crescimento da mídia social como fato histórico e as circunstâncias alteradas por ações grupais surgidas com ela. Este livro trata do que o primeiro deixou de fora, começando com a observação de que a conexão da humanidade nos permite tratar o tempo livre como um recurso global compartilhado e também definir novos tipos de participação e compartilhamento que se valem desse recurso. Nosso excedente cognitivo é apenas potencial; ele nada significa nem faz coisa alguma sozinho. Para compreender o que podemos fazer com esse novo recurso, precisamos entender não apenas que tipos de ação ele viabiliza, mas também os *comos* e *ondes* dessas ações.

Quando os policiais querem estabelecer se alguém poderia ter realizado uma determinada ação, procuram meios, motivo e oportunidade. Meios e motivo são o como e o porquê de uma determinada ação, e oportunidade é o quando e o com quem. Será que as pessoas têm a capacidade de fazer algo com seu tempo livre cumulativo, motivação e oportunidade para fazê-lo? Respostas afirmativas a essas perguntas ajudam a determinar o elo entre a pessoa e a ação; expressados numa escala maior, registros de meios, motivo e oportunidade podem ajudar a explicar o surgimento de novos comportamentos na sociedade. Compreender o que nosso excedente cognitivo tem tornado possível significa entender os meios através dos quais estamos juntando nosso tempo livre, nossas motivações para usufruir desse novo recurso e a natureza das oportunidades que estão sendo desenvolvidas e que estamos, de fato, criando uns para os outros.

Os próximos três capítulos detalham esses *o quês, comos, porquês* e por trás do excedente cognitivo.

Só que nem isso descreve, ainda, o que podemos fazer com o excedente cognitivo, porque a maneira como colocamos nossos talentos coletivos para funcionar é uma questão social, e não apenas individual. Como precisamos nos coordenar mutuamente para extrair algo de nosso tempo e talentos compartilhados, usar o excedente cognitivo não é apenas acumular preferências individuais. A cultura dos diversos grupos de usuários tem grande importância para o que eles esperam uns dos outros e para o modo como trabalham juntos. A cultura, por sua vez, é o que determina quanto do valor que extraímos do excedente cognitivo é apenas coletivo (apreciado pelos participantes, mas não muito útil para a sociedade como um todo) e quanto dele é cívico. (Você pode pensar em termos de *coletivo versus cívico* criando um paralelo entre *lolcats versus Ushahidi*.) Depois de tratar de meios, motivo e oportunidade nos capítulos 2, 3 e 4, os dois capítulos subsequentes abordam as questões da cultura do usuário e do valor coletivo *versus* valor cívico.

O último capítulo, o mais especulativo, detalha algumas das lições que já aprendemos com usos bem-sucedidos do excedente cognitivo, lições que podem nos guiar à medida que esse excedente for sendo usado de maneiras mais importantes. Devido à complexidade dos sistemas sociais em geral, e sobretudo daqueles com diversos agentes voluntários, nenhuma simples lista de lições pode funcionar como receita, mas elas podem nos servir como diretrizes, ajudando a evitar que novos projetos enfrentem determinadas dificuldades.

O excedente cognitivo, recém-criado a partir de ilhas de tempo e talento anteriormente desconectadas, é apenas matéria-prima. Para extrair dele algum valor, precisamos fazer com que tenha significado ou realize algo. Nós, coletivamente, não somos apenas a fonte do excedente; somos também quem determina seu uso, por nossa participação e pelas coisas que esperamos uns dos outros quando nos envolvemos em nossa nova conectividade.

2. Meios

Em 2003, depois que foi descoberta a contaminação de várias fontes de carne bovina nos Estados Unidos pela doença da vaca louca (tecnicamente conhecida como encefalopatia espongiforme bovina), a Coreia do Sul proibiu a importação da carne americana. Esse bloqueio durou, com poucas exceções, cinco anos, e, como a Coreia do Sul era o terceiro maior mercado de exportação de carne bovina dos Estados Unidos, isso se tornou um ponto delicado e de grande importância entre os dois governos. Finalmente, em abril de 2008, os presidentes Lee Myung-bak e George W. Bush negociaram a reabertura do mercado coreano para a carne bovina americana como primeiro passo para um acordo comercial livre muito mais amplo. Esse acordo encerrou o problema, ou melhor, pareceu encerrar, até que o público coreano foi envolvido.

Em maio daquele ano, quando os noticiários informaram que a carne dos Estados Unidos voltaria ao mercado coreano, cidadãos do país fizeram protestos públicos no Cheonggyecheon Park, uma área verde no centro de Seul.[1] A forma de protestar foi fazendo vigílias à luz de velas, depois das quais muitas pessoas passavam a noite no parque. Esses protestos tiveram vários aspectos característicos, um dos quais foi a longevidade: em vez de arrefecer, eles duraram várias semanas. Houve então a questão da escala: embora as demonstrações tivessem começado pequenas, chegaram a milhares e, finalmente, a dezenas de milhares. No início de junho, eram as maiores na Coreia desde os protestos de 1987 que marcaram a volta das eleições democráticas. Tantas pessoas ocuparam Cheonggyecheon, por tanto tempo, que destruíram grandes extensões de grama.

Mais incomuns, porém, eram os próprios protestantes, não apenas pelo número, mas por suas características. Os protestos coreanos anteriores tinham sido, na maioria, organizados por grupos políticos ou de trabalhadores. Mas nas manifestações da vaca louca mais da metade dos participantes – incluindo muitos dos primeiros organizadores – era formada por adolescentes, principalmente meninas adolescentes. Aquelas "meninas velas" eram jovens demais para votar, não eram membros de nenhum grupo político, e a maioria delas não participara antes de qualquer ato público político. Sua presença ajudou a tornar as vigílias o primeiro protesto na história da Coreia de que todos os membros de famílias podiam participar; por mais de um mês, famílias inteiras foram para o parque, muitas vezes com crianças pequenas e bebês. Quando os governos mundiais examinam as possíveis fontes de agitação nacional, em geral não se preocupam com meninas adolescentes. De onde elas vieram?

Essas meninas sempre estiveram lá – eram, afinal de contas, cidadãs coreanas –, mas simplesmente nunca haviam se mobilizado em grande número. As democracias produzem a complacência de seus cidadãos e também confiam nela. Uma democracia funciona quando seus cidadãos estão contentes o bastante para não ir às ruas; quando o fazem, é sinal de que alguma coisa não está certa. Vista dessa forma, a participação das meninas é uma questão relacionada ao que mudou. O que teria levado meninas jovens demais para votar a ir para o parque, dia após dia e noite após noite, durante semanas?

O governo sul-coreano tentou acusar ativistas políticos extremistas e agentes provocadores interessados em prejudicar as relações com os Estados Unidos, mas os protestos foram tão gigantescos e tão duradouros que essa explicação logo deixou de fazer sentido. Como aquela garotada tinha sido levada a ser tão radical? Mimi Ito, antropóloga cultural da University of Southern California que estuda a interseção entre o comportamento adolescente e as tecnologias de comunicação, citou a resposta de uma menina vela de treze anos sobre suas motivações: "Estou aqui por causa de Dong Bang Shin Ki."[2]

Dong Bang Shin Ki não é um partido político nem uma organização ativista. DBSK é uma *boy band* (a tradução de seu nome é Deuses Nascentes do Leste) e, na tradição de todas as bandas desse tipo de todos os países, cada um dos membros personifica um personagem: há Kim Junsu, o fofo romântico, Shim Changmin, alto, dark e bonitão, e assim por diante. Eles são boa gente e basicamente apolíticos, vozes nada importantes em questões de relações internacionais ou mesmo em música de protesto. São, porém, assunto da maior importância para as meninas coreanas. Quando o mercado sul-coreano foi reaberto à carne bovina americana, o site dos fãs da banda, Cassiopeia, tinha quase 1 milhão de usuários, e foi num de seus quadros de avisos que a maioria das protestantes leu pela primeira vez que o bloqueio havia sido suspenso.

"Estou aqui por causa de Dong Bang Shin Ki" não é a mesma coisa que "Dong Bang Shin Ki me mandou"; DBSK, na verdade, nunca recomendou qualquer espécie de envolvimento público ou mesmo político. O site apenas deu àquelas meninas uma oportunidade de discutir o que quisessem, até política. Elas se assustaram – assustaram umas às outras, na verdade – em relação tanto à saúde quanto aos problemas políticos relacionados à reabertura do mercado coreano. Reunidas, preocupadas e zangadas pelo fato de o governo de Lee ter concordado com o que parecia uma humilhação nacional e uma ameaça à saúde pública, as meninas decidiram fazer algo a respeito.

O website da DBSK forneceu um local e uma razão para que a juventude coreana se reunisse às centenas de milhares. Agora, as conversas efêmeras que acontecem no pátio da escola e na cantina adquirem dois aspectos antes reservados aos profissionais de mídia: acessibilidade e permanência. Acessibilidade significa que outras pessoas podem ler o que alguém escreve, e permanência se refere à duração de determinado texto escrito. Tanto a acessibilidade quanto a permanência aumentam quando as pessoas se conectam à internet, e a Coreia do Sul é a nação mais conectada do mundo. O residente médio de Seul tem acesso a redes de comunicação melhores, mais rápidas e muito mais disponíveis, tanto em seus computadores como em seus telefones celulares, do que o cidadão médio de Londres, Paris ou Nova York.[3]

A mídia comercial que cobre a DBSK, como os sites de fofoca Pop Seoul e K-Popped, nunca teria pensado em perguntar a seus leitores o que eles pensam da política governamental de importação de alimentos. Como os sites de fofoca, os quadros de aviso da DBSK não são um ambiente especificamente político, mas, ao contrário dos sites de fofocas, também não são especificamente apolíticos. Definidos pelos participantes, assumem as características que eles queiram que tenham. A mídia convencional coreana divulgou a suspensão do bloqueio da carne; um pequeno número de produtores profissionais de mídia propagou a informação para um grande número de consumidores amadores de mídia, em sua maioria não coordenados (o padrão normal de mídia transmitida e impressa no século XX). Sempre que um fã da DBSK publicava qualquer coisa no Cassiopeia, em compensação, fosse sobre o novo corte de cabelo de Kim ou sobre a política de importação do governo coreano, a informação se tornava tão ampla e publicamente disponível quanto qualquer artigo num jornal coreano, e mais disponível do que grande parte do que era visto na TV (já que qualquer coisa na web pode ser compartilhada com mais facilidade do que na televisão). Além disso, os receptores daqueles pedacinhos de mídia amadora não eram consumidores silenciosos, e sim, eles mesmos, produtores barulhentos, capazes tanto de reagir a essas mensagens como de redistribuí-las à vontade. No caso dos protestos da vaca louca, cidadãos sul-coreanos conectados, mesmo com treze anos de idade, radicalizaram-se.

Não está claro como deveria ser a política sul-coreana em relação à carne americana. Mas a mudança negociada por Lee inquietou muitos cidadãos que queriam ter sido consultados e não foram. Quando adolescentes jovens demais para votar estão nas ruas protestando contra políticas governamentais, isso pode atingir governos acostumados a um alto grau de liberdade decorrente da omissão pública. Nesse caso, o gigantesco e ininterrupto protesto sobre a questão nevrálgica da segurança alimentar (e, à medida que o protesto continuava, da política educacional e da identidade nacional) abalou a popularidade de Lee. Ele assumira o cargo em fevereiro de 2008 com um índice de aprovação de cerca de 75%. Mas, durante o mês de maio, esse número caiu para menos de 20%.[4]

Maio acabou, veio junho, e os protestantes não se retiraram; o governo de Lee finalmente decidiu dar um basta e ordenou à polícia que dissolvesse a manifestação – tarefa que foi obedecida com gosto. No mesmo instante, websites estavam cheios de imagens de policiais com canhões de água e bastões atacando os pacíficos protestantes.[5] Milhares de pessoas assistiram, on-line, a vídeos de policiais dando cacetadas ou chutes na cabeça de meninas adolescentes. A repressão teve o efeito oposto ao pretendido por Lee. As críticas à polícia foram disseminadas, até mesmo internacionalmente, e tanto a Comissão Asiática de Direitos Humanos quanto a Anistia Internacional começaram a investigar. Como resultado da violência e de sua subsequente divulgação, o protesto cresceu.

O dia 10 de junho é o aniversário do fim do regime militar sul-coreano, que governou na década de 1980, e da volta do país à democracia. Em 2008, à medida que esse dia se aproximava, as manifestações evoluíram para um protesto geral contra o governo. Sem opções, Lee foi à TV nacional pedir desculpas por suspender o bloqueio sem uma consulta adequada ao povo coreano e pela maneira como os protestos haviam sido reprimidos. Obrigou todo o seu ministério a se demitir, negociou restrições adicionais a toda a carne bovina importada dos Estados Unidos e explicou aos cidadãos o que estava em jogo para a Coreia do Sul no acordo de livre comércio em geral, dizendo ao povo: "Eu estava ansioso, depois de ser eleito presidente, pois achei que não me sairia bem a não ser que fizesse mudanças e reformas no primeiro ano após a posse."

A estratégia funcionou. Alguns grupos ainda estavam insatisfeitos com Lee, com seu governo e suas políticas específicas, mas ouvir o presidente admitir que cometera um erro quando não se dirigiu diretamente ao povo e ver a demissão em massa do ministério acalmou os protestos, que perderam peso. Lee teve uma vitória parcial, mesmo a um custo político enorme, mas os grupos no parque também ganharam algo. O público queria ser consultado sobre assuntos importantes, e, se isso não acontecesse através dos canais convencionais, lugares como os quadros de aviso do DBSK forneceriam a coordenação necessária.

Em Seul, cidadãos comuns usaram um meio de comunicação que nem estima nem impõe o silêncio entre As Pessoas Antes Conhecidas Como Espectadoras, como Jay Rosen, meu colega na Universidade de Nova York, gosta de nos chamar.[6] Estamos acostumados a que a mídia nos diga coisas: as pessoas na TV nos dizem que o governo sul-coreano bloqueou a carne americana por medo da doença da vaca louca, ou que suspendeu o bloqueio. Durante os protestos na Coreia do Sul, porém, a mídia deixou de ser apenas uma fonte de informação e se tornou também um local de coordenação. Aquelas meninas no parque usaram os quadros de aviso do DBSK, bem como conversas no Daum, no Naver, no Cyworld e em uma série de outros espaços de bate-papo on-line. Também mandavam imagens e mensagens de texto por seus telefones celulares não apenas para disseminar informação e opinião, mas para agir sobre elas, tanto on-line quanto nas ruas. Ao fazer isso, mudaram o contexto no qual o governo sul-coreano opera.

A antiga visão da rede como um espaço separado, um ciberespaço desvinculado do mundo real, foi um acaso na história. Na época em que a população on-line era pequena, a maioria das pessoas que você conhecia na vida diária não fazia parte dela. Agora que computadores e telefones cada vez mais computadorizados foram amplamente adotados, toda a noção de ciberespaço está começando a desaparecer. Nossas ferramentas de mídia social não são uma alternativa para a vida real, são parte dela. E, sobretudo, tornam-se cada vez mais os instrumentos coordenadores de eventos no mundo físico, como o do Cheonggyecheon Park.

Os efeitos a longo prazo dessa participação pública mais abrangente não estão claros. O mandato da presidência sul-coreana dura cinco anos e é único, portanto Lee nunca mais enfrentará os eleitores. Além disso, o governo sul-coreano tenta, agressivamente, fazer com que os cidadãos usem seus verdadeiros nomes on-line.[7] (Significativamente, a restrição é direcionada apenas a sites com mais de 100 mil visitantes por mês, o que dá à medida um sentido claramente político.) Essa é uma tentativa de fazer com que as massas voltem a um estado que poderíamos chamar de complacência forçada. A competição entre o governo e o povo tornou-se, assim, uma corrida armamentista, mas do tipo que envolve uma nova classe de participantes. Quando meninas adolescentes podem ajudar a organizar eventos que enfraquecem governos nacionais, sem necessidade de organizações ou organizadores profissionais para manter a bola rolando, estamos em um novo território. Como diz Ito, descrevendo os protestantes:

> Sua participação nos protestos baseou-se menos nas condições concretas da vida diária e mais na solidariedade de uma mídia compartilhada em fandoms...* Embora muito do que os garotos estejam fazendo on-line possa parecer insignificante e frívolo, eles estão construindo a capacidade de conexão, comunicação e, em última instância, mobilização. De Pokémon a maciços protestos políticos, o diferencial deste momento histórico e da geração que está crescendo hoje não é apenas uma forma distinta de expressão midiática, mas também o modo como essa expressão está envolvida na ação social.[8]

Pessoas preocupadas com a mídia digital muitas vezes temem a diminuição do contato físico, mas em Seul, o lugar mais conectado (e sem fio) do mundo, o efeito foi exatamente o oposto. Ferramentas digitais foram essenciais para coordenar contato humano e atividades do mundo real. A velha noção de que mídia é um terreno relativamente separado do "mundo real" não se aplica mais a situações como os protestos da vaca louca ou mesmo a qualquer uma das incontáveis maneiras como as pessoas usam a mídia social para coordenar atividades no mundo real. Não só a mídia social está em novas mãos – as nossas –, como também, quando as ferramentas de comunicação estão em novas mãos, elas assumem novas características.

Preservando velhos problemas

Um problema prático que pode agora ser considerado sob um aspecto social é o transporte, sobretudo o transporte diário. O ir e vir de casa ao trabalho requer um esforço significativo, e bilhões de pessoas o fazem

* Fandom: palavra de origem inglesa (Fan Kingdom) que se refere ao conjunto de fãs de um determinado programa da televisão, pessoa ou fenômeno em particular. (N.T.)

cinco dias por semana. Esse problema não parece, à primeira vista, ter relação com a mídia, mas uma das principais soluções disponíveis para o transporte diário é a carona solidária, e a chave para a carona solidária não são carros, e sim a coordenação. A carona solidária não requer novos carros, mas novas informações quanto aos que já existem, apenas.

PickupPal.com é um desses novos canais de informação, um site de carona solidária destinado a coordenar motoristas e caronas que planejam fazer o mesmo caminho. O motorista propõe um preço pela carona e, se o passageiro concordar, o sistema os coloca em contato. Como acontece com muitos planos de negócios de poucas palavras, um milhão de detalhes se escondem sob o processo, desde calcular em que proporção caminho e tempo precisam se unir para constituir uma combinação aceitável até colocar motoristas e passageiros em contato sem fornecer detalhes pessoais em excesso.

PickupPal.com também enfrenta o problema da escala – abaixo de um determinado número de potenciais motoristas e caronas, o sistema dificilmente dará certo, enquanto, acima desse número, quanto mais, melhor. Alguém que usa o sistema e consegue fazer uma combinação em cada três tentativas terá uma relação com ele muito diferente de alguém que consegue uma combinação nove vezes em cada dez. Um em três é um plano B; nove em dez é infraestrutura. O enfoque básico do PickupPal.com em relação ao problema de escala é começar no ponto em que o potencial para coordenação social é alto e trabalhar a partir daí. Como o sistema é mais eficaz para caronas em cidades grandes, o PickupPal funciona com corporações e organizações, que podem anunciar oportunidades de carona para seus empregados ou membros (estratégia que também ajuda a criar confiança nos usuários). Também é integrado a ferramentas sociais já existentes, como o Facebook, a fim de tornar o mais simples possível encontrar outras pessoas. Vistas em conjunto, essas estratégias parecem estar funcionando: no final de 2009, o PickupPal.com tinha mais de 140 mil usuários em 107 países.

O serviço fornecido por esse site equivale ao nosso excedente cognitivo em geral. Quando cada pessoa precisa solucionar o problema do transporte diário totalmente sozinha, a solução é cada uma possuir e dirigir seu próprio carro. Mas essa "solução" agrava o problema. Quando consideramos a questão do transporte diário uma questão de coordenação, entretanto, podemos pensar em agregar outras soluções além das puramente individuais. No contexto da carona solidária, o número de carros na rua torna-se uma oportunidade, porque cada veículo a mais é uma chance adicional de que alguém vá pelo seu caminho. O PickupPal converte o excedente de carros e motoristas em um recurso compartilhável. Enquanto todos tiverem acesso a uma mídia que permita a comunicação entre grupos, poderemos configurar novos enfoques para os problemas de transporte, baseados na transmissão de informações entre motoristas e caronas, soluções que podem beneficiar quase todos.

Quase todos, mas não as empresas de ônibus. Em maio de 2008, a empresa de ônibus Trentway-Wagar, localizada em Ontário, contratou um detetive particular para usar o PickupPal; o detetive confirmou que o site funcionava como anunciado e fez uma declaração formal em que afirmava ter ido de carona para Montreal, viagem pela qual pagou sessenta dólares ao motorista.[9] Com essa prova, a Trentway-Wagar encaminhou uma petição ao Comitê de Transportes em Estradas de Rodagem de Ontário (OHTB, na sigla em inglês) para que fechasse o PickupPal, baseando-se na premissa de que, ao ajudar a coordenar motoristas e passageiros, o site funcionava bem demais para ser um sistema de carona solidária. A companhia apelou para o item 11 do Ato de Veículos Públicos de Ontário, que estipula que a carona solidária só pode ser usada entre casa e trabalho (e não até, digamos, a escola ou um hospital). Deve ser usada dentro de limites municipais. Precisa ser com o mesmo motorista todos os dias. E despesas com combustível ou de viagem só poderiam ser reembolsadas, no máximo, uma vez por semana.[10]

A Trentway-Wagar argumentava que, como a carona solidária costumava ser um problema, deveria ser sempre problemática, e, se essa inconveniência desaparecesse, então deveria ser reinserida por vias legais. Curiosamente, uma organização que se compromete a ajudar a sociedade na solução de um problema também se compromete com a preservação desse mesmo problema, uma vez que sua existência institucional depende da necessidade permanente dessa solução por parte da sociedade. Empresas de ônibus fornecem um serviço essencial – transporte público –, mas também se preocupam, como fez a Trentway-Wagar, em acabar com a concorrência de maneiras alternativas de levar pessoas de um lugar para outro.

O OHTB aceitou a queixa da Trentway-Wagar e ordenou que o PickupPal parasse de operar em Ontário. O site decidiu apelar – e perdeu. Mas a atenção pública se voltou para o caso e, numa época de altos preços dos combustíveis, de uma crescente preocupação ambiental e da queda do poder aquisitivo, quase ninguém tomou o partido da Trentway-Wagar. A reação pública, canalizada de todas as maneiras, desde uma petição on-line até vendas de camisetas, tinha uma só mensagem: salvem o PickupPal. A ideia de que as pessoas não poderiam usar aquele serviço era poderosa demais para que os políticos de Ontário a ignorassem. Semanas depois da vitória da Trentway-Wagar, a legislação de Ontário emendou o Ato de Veículos Públicos para tornar o PickupPal novamente legal.[11]

O PickupPal utiliza a mídia social de várias maneiras. Primeiro, e mais importante, fornece a seus usuários informação suficiente e rápida, que eles podem coordenar para solucionar um problema do mundo real. O site simplesmente não poderia existir se não houvesse um meio que permitisse que motoristas e caronas potenciais partilhassem informações sobre seus respectivos caminhos. Segundo, ele cria valor agregado – quanto mais numerosos seus usuários, maior a probabilidade de uma combinação. A lógica antiga, a lógica televisiva, tratava os espectadores como pouco mais do que coleções de indivíduos. Seus membros não agregavam qualquer valor real uns aos outros. A lógica da mídia digital, por outro lado, permite que Pessoas Antes Conhecidas Como Espectadoras agreguem valor umas às outras, todos os dias.

O PickupPal também conta com o fim da antiga distinção entre mídia on-line e "o mundo real". É um serviço on-line do modo mais trivial possível – agrega valor a seus usuários ao combiná-los entre si; mas esse valor só é concretizado quando um carona real e um motorista real compartilham um carro real num caminho real. Esse é um caso de mídia social como parte do mundo real, como um meio de melhorá-lo, na verdade, em vez de se manter fora dele. O uso da mídia publicamente disponível como um recurso de coordenação para milhares de cidadãos comuns marca o afastamento do panorama da mídia ao qual estávamos acostumados. A mídia pública com a qual estamos mais familiarizados, é claro, é o modelo do século XX, com produtores profissionais e consumidores amadores. Sua economia básica e sua lógica institucional começaram não no século XX, mas no XV.

A economia Gutenberg

Johannes Gutenberg, um impressor de Mainz, na atual Alemanha, introduziu os tipos móveis no mundo, em meados do século XV. Prensas já eram usadas em impressões, mas eram lentas e de difícil operação, porque era preciso entalhar todo o texto de cada página. Gutenberg percebeu que se, em vez disso, fossem feitos moldes de cada uma das letras, individualmente, eles poderiam ser dispostos para formar quaisquer palavras. Esses moldes de letras – os tipos – podiam ser mudados de lugar para fazer novas páginas, e o tipo podia ser recolocado numa fração do tempo que seria necessário para se entalhar uma página inteira a partir do zero.

Os tipos móveis introduziram algo mais no cenário intelectual da Europa: uma abundância de livros. Antes de Gutenberg, simplesmente não havia tantos livros. Um único escriba, trabalhando sozinho com uma pena, tinta e uma pilha de papiros, podia fazer a cópia de um livro, mas o processo era desesperadoramente lento, reduzindo os ganhos do escriba copista e elevando os preços. No fim do século XV, um escriba produzia uma única cópia de um livro de quinhentas páginas por cerca de trinta florins, enquanto a Ripoli, uma gráfica de Veneza, mais ou menos pelo mesmo preço, imprimiria mais de trezentos exemplares do mesmo livro.[12] Por isso, grande parte dos copistas desistiu de produzir exemplares adicionais dos livros existentes. No século XIII, o monge franciscano são Boaventura descreveu quatro maneiras de fazer livros: copiar uma obra inteira, copiar de várias obras ao mesmo tempo, copiar uma obra com seus próprios adendos ou escrever parte de seu próprio trabalho com adendos de terceiros.[13] Cada uma dessas categorias trazia seu próprio nome, como escriba ou autor, mas são Boaventura parece não ter considerado – e com certeza não descreveu – a possibilidade de alguém criar uma obra inteiramente original. Nesse período, havia muito poucos livros, e boa parte deles consistia em cópias da Bíblia, portanto a ideia de se fazerem livros centrava-se em recriar e recombinar palavras existentes, muito mais do que produzir novas.

Os tipos móveis acabaram com esse empecilho, e a primeira coisa que o crescente grupo de impressores europeus fez foi imprimir mais Bíblias – montanhas de Bíblias. Os impressores começaram a publicar Bíblias traduzidas para idiomas comuns – línguas contemporâneas que não o latim –, porque os padres as queriam não apenas por conveniência, mas por uma questão de doutrina. Passaram, depois, a lançar novas edições de obras de Aristóteles, Galeno, Virgílio e de outros autores que sobreviveram à Antiguidade. E as prensas podiam produzir ainda mais. O passo seguinte dado pelos impressores foi ao mesmo tempo simples e surpreendente: imprimir montes de coisas novas. Antes dos tipos móveis, a maior parte da literatura disponível na Europa era em latim e tinha pelo menos mil anos. E assim, num histórico piscar de olhos, os livros começaram a aparecer nos idiomas locais, obras cujo texto datava de meses, em vez de séculos, livros que eram, ao mesmo tempo, variados, contemporâneos e comuns. (Na verdade, a palavra novela* surgiu nesse período, quando a própria novidade do conteúdo era nova.)

Essa solução radical para o excesso de conteúdo – produzir livros que ninguém antes havia lido – criou novos problemas, sobretudo um risco

---

* O autor usa a palavra inglesa *novel*, cuja tradução correta para o português é "romance". Em português, o termo "novela" pode ser usado como sinônimo, em geral para designar um romance curto. Essa palavra foi escolhida, portanto, para manter o sentido do texto. (N.T.)

financeiro. Se um impressor produzisse exemplares de um novo livro e ninguém quisesse lê-lo, ele perderia os recursos gastos para criá-lo. Se ele fizesse isso muitas vezes, estaria fora do negócio. Impressores que reproduziam a Bíblia ou a obra de Aristóteles nunca precisavam se preocupar com a possibilidade de as pessoas não gostarem de seus produtos, mas quem quisesse produzir um livro novo correria riscos. Como os impressores lidaram com os riscos?

Sua resposta foi tornar as pessoas que arcavam com os riscos – os tipógrafos – também responsáveis pela qualidade dos livros. Não há razão óbvia pela qual quem é bom em manejar uma prensa deva também ser bom em decidir que livros valem a pena imprimir. Mas uma tipografia é cara: requer uma equipe de profissionais para mantê-la em funcionamento. E, como o material precisava ser produzido antes da demanda, a economia das prensas colocava o risco no local da produção. Na verdade, ser responsável pela possibilidade de um livro ser impopular marca a transição de impressores (que faziam cópias de livros consagrados) para editores (que assumem o risco da novidade).

Inúmeras novas formas de mídia surgiram desde Gutenberg: imagens e sons foram codificados em objetos, de chapas fotográficas a CDs de música; ondas eletromagnéticas foram utilizadas para criar o rádio e a televisão. Todas as revoluções subsequentes, tão diferentes como eram, ainda traziam a essência da economia Gutenberg: grandes custos de investimento. É dispendioso ser proprietário dos meios de produção, seja uma tipografia ou uma torre de TV, o que faz da novidade uma operação basicamente de alto risco. Se for dispendioso possuir e gerenciar os meios de produção, ou se eles requererem uma equipe, você está num mundo de economia Gutenberg. E, onde quer que você tenha a economia Gutenberg, seja você um editor veneziano ou um produtor de Hollywood, também terá os riscos de gerenciamento do século XV, quando os produtores precisavam decidir o que era bom antes de mostrar ao público. Nesse mundo, quase toda a mídia era produzida "pela mídia", um mundo no qual todos vivíamos até poucos anos atrás.

O botão chamado "publicar"

No final de cada ano, a National Book Foundation (Fundação Nacional do Livro) entrega a medalha por Contribuição Especial às Letras Americanas em seu jantar de premiação. Em 2008, o prêmio foi concedido a Maxine Hong Kingston, autora de *The Woman Warrior*, de 1976. Embora Kingston estivesse sendo reconhecida por uma obra que tinha mais de trinta anos, seu discurso incluiu o relato de algo que ela havia feito naquele ano, algo que deve ter gelado o sangue de todos os editores presentes.

Meses antes, naquele mesmo ano, disse Kingston, ela escrevera um editorial elogiando Barack Obama, por ocasião da visita dele ao estado do Havaí, onde ela nascera. Infelizmente para ela, todos os jornais para os quais ela enviou o artigo rejeitaram a publicação. Então, para sua satisfação, ela compreendeu que aquela rejeição importava muito menos do que antes. Ela entrou no Open.Salon.com, um website para discussões literárias, e, como revelou: "Tudo o que precisei fazer foi digitar, depois clicar num botão chamado 'Publicar'. É, esse botão existe. Pronto! Eu estava publicada."[14]

É, esse botão existe. Publicar costumava ser algo que precisávamos pedir permissão para fazer; as pessoas cuja permissão precisávamos pedir eram os editores. Não é mais assim. Os editores ainda cumprem outras funções, como selecionar o texto, editá-lo e fazer o marketing (dezenas de pessoas além de mim trabalharam para melhorar este livro, por exemplo), mas não são mais a barreira entre textos públicos e privados. Na satisfação de Kingston ao eliminar a rejeição, vemos uma verdade que sempre esteve aí, mas foi por muito tempo escondida. Mesmo "autores publicados", como se costuma dizer, não controlavam sua própria capacidade de publicar. Considere a quantidade de ideias contidas nesta lista: publicidade, publicista, publicar, publicação, publicável. Todas elas se concentram no ato de tornar algo público, o que tem sido historicamente difícil, complexo e dispendioso. E agora não é nada disso.

O editorial de Kingston, é preciso que se diga, não era bom. Era subserviente a ponto de entediar e não tinha qualquer pensamento que pudesse ser chamado de analítico. O discurso político não foi muito enriquecido pelo seu aparecimento. Mas um aumento na liberdade de publicar sempre tem esse tipo de consequência. Antes de Gutenberg, o livro médio era uma obra-prima. Depois de Gutenberg, as pessoas tiveram disponibilizados romances eróticos descartáveis, relatos de viagens desinteressantes e biografias de grandes proprietários rurais laudatórias, sem qualquer interesse atual, a não ser para um punhado de historiadores. A grande tensão na mídia sempre foi o fato de que liberdade e qualidade são objetivos conflitantes. Sempre houve gente disposta a argumentar que o aumento da liberdade para publicar não compensa a queda da qualidade média; Martinho Lutero observou, em 1569: "A multiplicidade de livros é um grande mal. Não há limite para essa febre de escrever; qualquer um pode ser autor, alguns por vaidade, para ganhar fama e criar um nome; outros apenas pelo mero ganho material."[15] Edgar Allan Poe comentou, em 1845: "A enorme multiplicação de livros em todos os ramos do conhecimento é um dos maiores males desta era, uma vez que apresenta um dos mais sérios obstáculos à aquisição de informação correta, ao lançar no caminho do leitor pilhas de trastes que ele precisará dolorosamente tatear em busca das sobras de sucata útil."[16]

Esses argumentos estão absolutamente corretos. A crescente liberdade para publicar reduz a qualidade média – como poderia não reduzir? Tanto Lutero quanto Poe confiavam na tipografia, mas queriam que os mecanismos de publicação, aos quais tinham fácil acesso, não aumentassem o volume total de obras publicadas: barato para mim, mas ainda inacessível para você. Mas não é assim que a economia funciona. Quanto mais fácil para a pessoa média é a publicação, mais médio se torna aquilo que é publicado. Mas a crescente liberdade de participar da discussão pública tem valores compensatórios.

A primeira vantagem é um aumento da experimentação no formato. Mesmo que a expansão dos tipos móveis tenha criado uma queda substancial na qualidade média, a mesma invenção tornou possível termos romances, jornais e publicações científicas. A imprensa permitiu a rápida disseminação tanto das *Noventa e cinco teses* de Martinho Lutero quanto de *Das revoluções das esferas celestiais*, de Copérnico, documentos transformadores que influenciaram a ascensão da Europa que conhecemos hoje. Custos reduzidos em qualquer terreno permitem um aumento nas experimentações; custos reduzidos em comunicação significam novas experiências no que é pensado e dito.

Essa capacidade de experimentar também se estende aos criadores, aumentando não apenas seu número, mas também sua diversidade. Naomi Wolf, em seu livro *O mito da beleza*, de 1991, ao mesmo tempo celebrava e lamentava o papel que as revistas femininas representa na vida das mulheres. Essas revistas, dizia ela, fornecem um lugar no qual a perspectiva feminina pode ser levada a sério, mas que é distorcido pelos anunciantes: "Os anunciantes são os amáveis censores do Ocidente. Eles tornam indistinta a linha entre liberdade editorial e as demandas do mercado ... O lucro de uma revista feminina não vem de seu preço de capa, portanto seu conteúdo não pode discordar demais dos artigos anunciados." Hoje, por outro lado, quase vinte anos depois da publicação de *The Beauty Mith*, a escritora Melissa McEwan postou no blog Shakesville um interessante ensaio de 1.700 palavras sobre misoginia casual:

> Há as piadas sobre mulheres ... contadas na minha frente por homens que deveriam se importar comigo, só para me tirar do sério, como se eu devesse achar engraçada uma lembrança do meu status de segunda classe. Esperam que eu ignore que essa é uma tática de intimidação, que os homens que contam essas piadas se divertem exatamente por saber que elas me chateiam, me enfurecem, me magoam. Eles as contam, e eu posso rir, e com isso eles se sentem superiores, ou posso não rir, e com isso eles se sentem superiores. Se correr o bicho pega, se ficar o bicho come.

O ensaio, intitulado "A terrível barganha que lamentavelmente travamos" atraiu centenas de comentários e milhares de leitores numa torrente de reações cujo tema principal era "Obrigada por dizer o que eu estava pensando".[17] O ensaio chegou ao conhecimento do mundo porque McEwan só precisou clicar num botão chamado "Publicar". Shakesville oferece exatamente o tipo de espaço para escrever imaginado por Wolf, no qual mulheres podem falar sem a supervisão de homens ou da censura cortês dos anunciantes. O texto não é para todos – altamente político, garantindo a raiva de muita gente –, mas esse é exatamente o ponto. As revistas femininas a que Wolf se referia atingiam leitoras que poderiam ter a mesma reação que as leitoras de Shakesville, mas as publicações simplesmente não podiam se permitir alcançá-las sob o risco de enfurecer outros leitores ou, mais importante, seus anunciantes. McEwan estava disposta a (e foi capaz de) se arriscar a enfurecer pessoas a fim de dizer o que tinha a dizer.

A barganha descrita por Wolf era particularmente mordaz em relação às revistas femininas, mas não era de modo algum única. Assim como não é único o modelo de autopublicação usado por McEwan – as pessoas agora se manifestam sobre os assuntos um milhão de vezes por dia, em incontáveis tipos de comunidades de interesse comum. A possibilidade de os membros das comunidades falarem uns com os outros, às claras e em público, é uma grande transformação, que tem valor mesmo com a impossibilidade de se filtrar a qualidade. Ela tem valor, na verdade, *porque* não há modo de se filtrar de antemão a qualidade: a definição de qualidade se torna mais variável, de uma comunidade para outra, do que quando existia um amplo consenso em relação à escrita tradicional (e à música, ao cinema e assim por diante).

É mais fácil lidar com a escassez do que com a abundância, porque, quando algo se torna raro, nós simplesmente acreditamos que é mais valioso do que era antes, uma mudança conceitualmente fácil. A abundância é diferente: seu advento significa que podemos começar a tratar coisas que antes eram valiosas como se fossem baratas o bastante para desperdiçar, o que significa baratas o bastante para fazer experiências com ela. Como a abundância é capaz de eliminar os valores de custo-benefício aos quais estamos acostumados, ela pode desorientar as pessoas que cresceram com escassez. Quando um recurso é escasso, as pessoas que o gerenciam normalmente o consideram valioso em si mesmo, sem parar para avaliar quanto do seu valor está condicionado à sua escassez. Durante anos, depois que o preço de telefonemas de longa distância despencou nos Estados Unidos, meus parentes mais velhos ainda avisavam que uma ligação era "interurbana". Essas ligações eram, antes, especiais, porque eram muito caras; demorou anos para que as pessoas compreendessem que ligações interurbanas baratas haviam eliminado as justificativas para que fossem consideradas intrinsecamente valiosas.

Do mesmo modo, quando a publicação – o fato de tornar algo público – deixa de ser difícil para ser praticamente fácil, as pessoas acostumadas ao antigo sistema muitas vezes consideram frívola a publicação por amadores, como se publicar fosse uma atividade intrinsecamente séria. Mas nunca foi. Publicar era algo que precisava ser levado a sério quando seu custo e esforço faziam com que as pessoas o levassem a sério – se você cometesse erros demais, estaria fora do negócio. Mas, quando esses fatores desaparecem, o risco também desaparece. Uma atividade que antes parecia intrinsecamente valiosa revelou-se apenas casualmente valiosa, como demonstrado por uma mudança da economia.

O romancista americano Harvey Swados disse a respeito dos livros em brochura: "Se essa revolução nos hábitos de leitura do público americano significa que estamos sendo inundados por um mar de lixo que vai denegrir ainda mais o gosto popular ou que agora teremos disponíveis edições baratas de uma lista de clássicos sempre crescente é uma questão de importância fundamental para nosso desenvolvimento social e cultural."[18]

Ele fez essa observação em 1951, duas décadas depois da avalanche de brochuras, e, curiosamente, Swados foi, mesmo na época, incapaz de responder à sua própria pergunta. Mas em 1951 a resposta já era bem visível. O público não precisou escolher entre um mar de lixo e uma crescente coleção de clássicos. Poderíamos ter ambos (e foi o que tivemos).

"Ambos" não era a resposta apenas para a pergunta de Swados; sempre foi a resposta, onde quer que a abundância de comunicações aumentasse, desde o surgimento da tipografia. A tipografia foi originalmente usada para fornecer acesso barato às Bíblias e aos escritos de Ptolomeu, mas todo o universo daquelas coisas antigas não preenchia uma fração das possibilidades tecnológicas ou do desejo do público. Ainda mais relevante para os dias atuais é o fato de que não podemos ter "uma lista sempre crescente de clássicos" sem também tentar novas fórmulas; se houvesse uma fórmula fácil para escrever algo que fosse apreciado por décadas ou séculos, não precisaríamos de experimentação, mas não há, então a praticamos.

O material de baixa qualidade que surge com a liberdade crescente acompanha a experimentação que cria o que acabaremos apreciando. Isso foi verdade na tipografia no século XV, e é verdade na mídia social de hoje. Em comparação com a escassez de uma era anterior, a abundância acarreta uma rápida queda da qualidade média, mas com o tempo a experimentação traz resultados, a diversidade expande os limites do possível, e o melhor trabalho se torna melhor do que o que havia antes. Depois da tipografia, publicar passou a ter maior importância porque a expansão dos textos literários, culturais e científicos beneficiou a sociedade, mesmo que tenha sido acompanhada por um monte de lixo.

O tecido conjuntivo da sociedade

Não é que estejamos testemunhando uma nova edição da revolução tipográfica. Todas as revoluções são diferentes (o que equivale a dizer que toda surpresa é surpreendente). Se uma mudança na sociedade fosse facilmente compreendida de imediato, não seria uma revolução. E a revolução está, hoje, centrada no choque da inclusão de amadores como produtores, em que não precisamos mais pedir ajuda ou permissão a profissionais para dizer as coisas em público. A mídia social não provocou os protestos à luz de velas na Coreia do Sul nem tornou os usuários do PickupPal ecologicamente mais conscientes. Esses efeitos foram criados por cidadãos que queriam mudar a maneira como se desenrolava o diálogo público e descobriram que tinham a oportunidade de fazê-lo.

Essa capacidade de falar em público e de combinar nossas aptidões é tão diferente daquilo a que estamos acostumados que precisamos repensar o conceito básico de mídia: ela não é apenas algo que consumimos; é algo que usamos. Como consequência, muitos dos nossos conceitos preestabelecidos sobre os meios de comunicação começam a não fazer mais sentido.

Tomemos como exemplo a televisão, que codifica sons e imagens em movimento para transmissão pelo ar e, mais recentemente, a cabo, para uma subsequente reconversão em imagens e sons, utilizando um dispositivo de decodificação especial. Qual é o nome do conteúdo assim transmitido? Televisão. E do aparelho que exibe as imagens? É uma televisão. E as pessoas que preparam esse conteúdo e enviam o sinal resultante – em que indústria trabalham? Na televisão, é claro. As pessoas que trabalham na televisão fazem televisão para a sua televisão.

Você pode comprar uma televisão na loja para assistir em casa, mas a televisão que você compra não é a televisão a que você assiste, e a televisão a que você assiste não é a que você compra. Dito assim, parece confuso, mas na vida diária não é confuso de jeito algum, pois nunca precisamos pensar muito sobre o que é a televisão e usamos a palavra *televisão* para falar de todos os seus diversos segmentos: indústria, conteúdo e aparelhos. A linguagem nos permite trabalhar no nível adequado de ambiguidade; se precisássemos pensar em cada detalhe de cada sistema das nossas vidas o tempo todo, sucumbiríamos com a superexposição. Esse pacote de objeto e indústria, de produto, serviço e modelo comercial, não é exclusivo da televisão. Tanto as pessoas que colecionam e preservam primeiras edições de livros raros quanto as que compram romances populares, destroem suas lombadas e os jogam fora na semana seguinte podem, legitimamente, reivindicar o título de amantes de livros.

Esse pacote foi cômodo porque grande parte do ambiente da mídia pública permaneceu estável por muito tempo. A última grande revolução na mídia pública foi o surgimento da televisão. Nos sessenta anos a partir do momento em que a TV passou a ser corriqueira, as mudanças que testemunhamos foram bem pequenas – a difusão das fitas videocassete, por exemplo, ou a televisão colorida. A TV a cabo foi a mudança mais significativa no cenário da mídia entre o final da década de 1940 (quando as televisões começaram a se multiplicar de verdade) e o final dos anos 90 (quando as redes digitais começaram a ser parte normal da vida pública).

A própria palavra *mídia* é um pacote que se refere, ao mesmo tempo, a processo, produto e produção. A "mídia" à qual nos referimos durante aquelas décadas denotava sobretudo a produção de um grupo de indústrias dirigidas por uma classe particular de profissionais e centradas no mundo de língua inglesa, em Londres, Nova York e Los Angeles. A palavra referia-se àquelas indústrias, aos produtos que elas criavam e ao efeito desses produtos sobre a sociedade. Referir-se à "mídia" dessa maneira fez sentido enquanto o ambiente midiático foi relativamente estável.

Mas às vezes precisamos pensar individualmente nas partes de um sistema, porque as diversas peças param de trabalhar juntas. Se você tirar cinco minutos para se lembrar (ou, se você tiver menos de trinta anos, imaginar) de como era a mídia para adultos no século XX, com um punhado de emissoras de TV e jornais e revistas dominantes, a mídia atual parecerá estranha e nova. Num ambiente tão estável em que receber TV via cabo em vez de por uma antena foi considerado uma revolução, é um verdadeiro choque ver o surgimento de um meio que permite que qualquer pessoa no mundo faça um número ilimitado de cópias perfeitas de algo que criou de graça. Igualmente surpreendente é o fato de que esse meio misture padrões de transmissão e conversa com tanta perfeição que não exista qualquer lacuna aparente entre eles. O pacote de conceitos ligados à palavra *mídia* é indissolúvel. Precisamos de uma nova conceituação para a palavra, uma que dispense conotações do tipo "algo produzido por profissionais para o consumo de amadores".

Eis a minha: a mídia é o tecido conjuntivo da sociedade.

Mídia é o modo como você fica sabendo quando e onde vai ser a festa de aniversário do seu amigo. Mídia é o modo como você fica sabendo o que está acontecendo em Teerã, quem governa Tegucigalpa ou qual é o preço do chá na China. Mídia é o modo como você fica sabendo que nome sua amiga deu ao bebê. Mídia é como você descobre por que Kierkegaard discordou de Hegel. Mídia é como você fica sabendo onde é sua próxima reunião. Mídia é como você fica sabendo de tudo que fica a mais de dez metros de distância. Todas essas coisas costumavam ser divididas em mídia pública (como comunicação visual e impressa feita por um pequeno grupo de profissionais) e mídia pessoal (como cartas e telefonemas, feitos por cidadãos comuns). Atualmente, essas duas formas estão fundidas.

A internet é a primeira mídia pública a ter uma economia pós-Gutenberg. Você não precisa entender nada de sua engenharia para avaliar quanto ela é diferente de qualquer outra forma de mídia dos últimos quinhentos anos. Como todos os dados são digitais (expressos em números), não existe mais o que era considerado cópia. Cada um dos dados, seja uma carta de amor enviada por e-mail ou uma entediante apresentação corporativa, é idêntico a todas as outras versões do mesmo dado.

Você pode ver isso refletido na linguagem coloquial. Ninguém diz: "Me dê uma cópia do seu número de telefone." O número do seu telefone é o mesmo número para todos, e, como os dados são feitos de números, são os mesmos para todos. Graças a essa curiosa característica dos números, a antiga distinção entre ferramentas de cópia para profissionais e para amadores – impressoras que produziam versões de alta qualidade para profissionais e copiadoras para o resto de nós – não existe mais. Todos têm acesso a um meio que produz versões tão idênticas que a antiga distinção entre originais e cópias deu lugar a um número ilimitado de versões igualmente perfeitas.

Além disso, os meios de produção digital são simétricos. Uma estação de televisão é um local altamente dispendioso e complexo destinado a emitir sinais, enquanto uma televisão é um dispositivo relativamente simples de recepção desses sinais. Quando alguém compra uma TV, o número de consumidores aumenta em um, mas o número de produtores permanece o mesmo. Por outro lado, quando alguém compra um computador ou um telefone celular, tanto o número de consumidores quanto o de produtores aumentam em um. O talento continua distribuído de forma desigual, mas a capacidade bruta de criar e compartilhar é agora largamente distribuída e cresce a cada ano.

Redes digitais estão aumentando a fluidez de todas as mídias. A velha escolha entre mídia pública de mão única (como livros e filmes) e mídia privada de mão dupla (como o telefone) expandiu-se e inclui agora uma terceira opção: mídia de mão dupla que opera numa escala do privado para o público. Conversas entre grupos podem, agora, ser realizadas nos mesmos ambientes de mídia, como radiodifusão. Essa nova opção faz uma ponte entre as duas antigas opções de radiodifusão e meios de comunicação. Toda mídia pode agora deslizar de uma para outra. Um livro pode estimular uma discussão pública em mil lugares simultâneos. Uma conversa por e-mail pode ser publicada por seus participantes. Um ensaio destinado ao consumo público pode ancorar um argumento privado, cujas partes se tornarão públicas mais tarde. Nós nos movemos do público para o privado e vice-versa por caminhos que não eram possíveis numa época em que mídias públicas e privadas, como o rádio e o telefone, utilizavam diferentes dispositivos e diferentes redes.

E, finalmente, a nova mídia envolve uma mudança na economia. Com a internet, todos pagam por ela, portanto todos podem utilizá-la. Em vez de termos uma única empresa como dona e operadora de todo o sistema, a internet é apenas um conjunto de acordos sobre como mover dados entre dois pontos. Qualquer um que se atenha a esses acordos, desde uma pessoa operando um telefone celular até uma grande empresa, pode ser um membro totalmente habilitado da web. A infraestrutura não pertence aos produtores do conteúdo: ela é acessível a qualquer um que pague para usar a rede, independentemente de como a utilize. Essa transferência para a economia pós-Gutenberg, com suas perfeitas versões intercambiáveis e suas capacidades de conversação, com sua produção simétrica e seu baixo custo, fornece os recursos para grande parte do comportamento generoso, social e criativo que presenciamos.

Três amadores entram num bar

Como toda mídia pública que conhecemos até recentemente era regida pela economia Gutenberg, presumimos, sem na verdade chegar a pensar nisso, que a mídia precisava de profissionais para garantir sua própria existência. Julgamos que nós, membros da audiência, estávamos não apenas relegados a consumir, mas também que preferíamos esse status. Com essa teoria do panorama da mídia implícita em nossas mentes, o comportamento generoso, público e criativo realmente parece, no mínimo, intrigante. Como tantos comportamentos surpreendentes, esse se origina, sobretudo, do erro de tomarmos um padrão acidental por uma verdade profunda.

Pessoas que compartilham textos ou vídeos, ou sintomas médicos, ou assentos em seu carro, são motivadas por alguma outra coisa além do desejo de obter dinheiro. As pessoas que administram serviços como YouTube e Facebook querem ser pagas, e são. Pode parecer injusto para amadores o fato de contribuírem gratuitamente com seu trabalho para pessoas que ganham dinheiro através da agregação e do compartilhamento desse trabalho. Pelo menos os pontos de venda da mídia tradicional pagam seus contribuintes; com os novos serviços, que possibilitam que amadores compartilhem seu trabalho, os lucros não vão para os criadores de conteúdo, e sim para os donos da plataforma que possibilita o compartilhamento, levando à pergunta óbvia: por que todas essas pessoas estão trabalhando de graça? O escritor Nicholas Carr chamou esse padrão de divisão digital meeira, inspirado nos meeiros dos anos posteriores à Guerra Civil, que trabalhavam a terra mas não a possuíam, nem eram donos da comida que crescia nela.[19] Com a divisão digital meeira, os donos da plataforma recebem o dinheiro e os criadores de conteúdo não, uma situação que Carr vê como declaradamente injusta.

Curiosamente, as pessoas mais afetadas por esse estado dos negócios não parecem estar tão terrivelmente indignadas com isso. Quem compartilha fotos, vídeos e textos não espera ser pago, mas compartilha mesmo assim. As queixas quanto à divisão digital meeira surgem, em parte, por ciúme profissional – sem dúvida, os produtores profissionais de mídia se irritam com a competição dos amadores. Mas existe outra explicação mais profunda: estamos usando um conceito proveniente da mídia profissional para nos referirmos aos comportamentos amadores, mas as motivações dos amadores são diferentes das dos profissionais. Se ICanHasCheezburger.com, provedora de *lolcats*, for uma versão tardia do modelo publicitário do século XV, então o fato de seus trabalhadores estarem contribuindo com mão de obra não remunerada não é apenas estranho, mas também injusto. E se os contribuintes não forem trabalhadores? E se eles forem, de fato, contribuintes que pretendem, acima de qualquer outra coisa, que suas contribuições sejam atos de compartilhamento, mais do que de produção? E se seus trabalhos forem trabalhos de amor?

ICanHasCheezburger pode parecer um ponto de venda da mídia tradicional, mas isso não significa que tenha a mesma lógica interna de um ponto de venda profissional como a revista *Time*. Considere, como uma comparação alternativa, um bar local. Trata-se de um empreendimento comercial, mas os produtos que vende são invariavelmente mais baratos em casa, em geral por uma margem considerável; muito do serviço oferecido pelos funcionários se resume a abrir garrafas e lavar louça. Se uma cerveja custa o dobro em um bar do que em um mercado, por que todo o negócio simplesmente não entra em colapso se as pessoas optarem por cerveja mais barata em casa?

Como os donos do YouTube, o dono do bar está no interessante negócio de oferecer um valor superior ao dos produtos e serviços que vende, valor que é criado pelos consumidores entre si. Pessoas pagam mais para tomar uma cerveja num bar do que em casa porque um bar é um lugar mais convidativo para se tomar uma bebida; ele atrai gente que está em busca de um lugar para bater papo ou simplesmente quer estar junto de outras pessoas, gente que também prefere estar num bar a ficar sozinha em casa. Esse incentivo é suficientemente poderoso para fazer a diferença no pagamento valer a pena. A lógica da divisão digital meeira sugeriria que o dono de bar está explorando seus fregueses porque as conversas no bar são parte do "conteúdo" que os torna desejosos de pagar mais pela cerveja, mas nenhum dos fregueses se sente, realmente, desse modo. Ao contrário, eles de boa vontade recompensam o dono por criar um ambiente socialmente acolhedor, um lugar no qual pagarão um extra pela oportunidade de interagir.

A lógica da divisão digital meeira aplica-se, porém, a alguns casos; as pessoas podem, às vezes, se sentir exatamente como Carr previu que se sentiriam. Um dos maiores exemplos de revolta contra a divisão digital meeira partiu de voluntários do serviço America Online. Nas décadas de 1980 e 1990, a AOL cresceu, em grande parte, porque pessoas achavam atraente sua imagem prestativa e amistosa. Seus Líderes Comunitários, uma equipe composta apenas de voluntários, estavam sempre presentes em salas públicas de bate-papo e em outras áreas do site, liderando discussões, controlando insultos ou linguagem ofensiva e mantendo as coisas em ordem. Em 1999, dois desses guias, Brian Williams e Kelly Hallisey, processaram a AOL em nome dos outros 10 mil, ou cerca disso, voluntários, argumentando que deveriam ter recebido pelo menos um salário mínimo por seu trabalho.[20]

Considerando que Williams, Hallisey e também todos os outros líderes haviam doado seu tempo espontaneamente, e assim o fizeram durante anos (Williams estimou que seu tempo chegava a vários milhares de horas), fica difícil entender por que decidiram, mais tarde, que haviam sido explorados. A resposta, como em todo relacionamento que dá errado, está no que mudou. Numa entrevista, Williams culpou a comercialização do serviço. "Começou a parecer, cada vez mais, que a AOL estava apenas tentando faturar um dólar à custa de trabalho escravo livre.[21] Antes, não havia anúncios por todo lado e tínhamos uma comunidade muito mais rica, em que as pessoas se reuniam para estar juntas, e agora não é mais assim." A mudança de um site voltado para a comunidade para um site voltado para a propaganda mudou o sentimento dos líderes; eles só começaram a aplicar a lógica da divisão digital meeira quando a AOL parou de dar uma aprovação visível. (A ação, agora em sua segunda década, inclui milhares de antigos líderes comunitários e ainda não se chegou a um acordo.)

Seres humanos valorizam, intrinsecamente, um sentido de conexão; considerando-se essa realidade, a lógica da divisão digital meeira perde muito do seu poder explanatório. Amadores não são apenas profissionais de tamanho reduzido; às vezes, as pessoas ficam felizes ao fazer coisas por razões incompatíveis com o fato de serem pagas. A mídia amadora é diferente da mídia profissional. Serviços que nos ajudam a compartilhar coisas prosperam exatamente porque tornam mais fácil, e muitas vezes mais barato, para nós, fazer coisas que já gostamos de fazer. Em outras palavras, uma das funções do mercado é fornecer plataformas para nos engajarmos nas coisas que gostamos de fazer fora dele, sejam tais plataformas bares ou websites. O modelo do século XV de produção de mídia não permitia esse tipo de compartilhamento porque o custo e o risco inerentes significavam que profissionais eram necessários a cada passo.

Agora eles não são.

O choque da inclusão

Dou aulas no Programa de Telecomunicações Interativas, um programa interdisciplinar de graduação da Universidade de Nova York. Estou lá há uma década e, durante esse tempo, a idade média dos meus alunos tem sido, a rigor, a mesma, ao passo que a minha idade média tem aumentado a uma alarmante taxa de um ano por ano; meus alunos são agora quinze ou vinte anos mais jovens do que eu. Como tento transmitir uma compreensão do panorama mutante da mídia, preciso agora falar sobre a época da minha própria juventude como história antiga. Do mesmo modo, partes estáveis do mundo em que cresci desapareceram antes que muitos de meus alunos completassem quinze anos, enquanto inovações que eu vi chegar já com olhos adultos aconteceram quando eles estavam no ensino fundamental.

Apesar de meio século de ansiedade em relação à retração da mídia, meus alunos nunca conheceram outro panorama de mídia que não o da abundância crescente. Nunca conheceram um mundo com apenas três canais de televisão, um mundo em que a única escolha que um telespectador podia fazer no início da noite era qual homem branco iria ler para ele as notícias em inglês. Eles podem entender o deslocamento da escassez para a abundância, já que o processo ainda acontece nos dias atuais. Algo muito mais difícil de explicar a eles é isto: se você fosse um cidadão daquele mundo e houvesse algo que precisasse dizer em público, você não poderia dizer. Ponto. O conteúdo da mídia não era produzido pelos consumidores; se você dispusesse de recursos para dizer algo em público, você não seria mais um consumidor, por definição. Críticas de cinema vinham de críticos de cinema. Opiniões públicas vinham de colunistas de opinião. Reportagens vinham de repórteres. O espaço coloquial, disponível para meros mortais, resumia-se à mesa da cozinha, ao bebedouro e, ocasionalmente, à redação de cartas (um ato tão trabalhoso e raro que muitas cartas começavam com "Desculpe-me por não escrever há tanto tempo...").

Naquela época, qualquer um podia produzir uma fotografia, um texto ou uma canção, mas não tinha os meios para torná-los amplamente disponíveis. Mandar mensagens para o público não era algo para o próprio público fazer, e, na impossibilidade de nos conectarmos com facilidade uns aos outros, nossa motivação para criar ficou atrofiada. Era tão restrito o acesso à transmissão e à mídia impressa que os amadores que tentavam produzi-la eram vistos com desconfiança ou pena. Autores que publicavam suas próprias obras eram julgados ricos ou vaidosos. Pessoas que publicavam panfletos ou andavam com cartazes eram consideradas desequilibradas. William Safire, falecido colunista do *New York Times*, resumiu a divisão: "Durante anos, eu subia a avenida Massachusetts em meu carro, passando pela casa do vice-presidente, e avistava um determinado sujeito solitário, do outro lado da rua, segurando um cartaz no qual denunciava ter sido sodomizado por um padre. Deve ser louco, eu pensava – e, assim, ignorei uma dica sobre o maior escândalo religioso do século."[22]

Meus alunos acreditam em mim quando lhes conto sobre o assumido silêncio do cidadão médio. Mas, mesmo sendo capazes de compreender intelectualmente aquele mundo, posso perceber que eles não o sentem. Nunca viveram num contexto no qual não pudessem falar em público e é difícil para eles imaginar quanto aquele ambiente era diferente, comparado aos comportamentos participativos que hoje consideram naturais.

Nik Gowing, repórter da BBC e autor de *"Skyful of Lies" and Black Swans*,[23] sobre crises na mídia, oferece uma história ilustrativa. Nas horas subsequentes aos bombardeios do metrô e do ônibus londrinos no dia 7 de julho de 2005, o governo sustentou a explicação de que os terríveis danos e acidentes haviam sido causados por algum tipo de sobrecarga elétrica. Mesmo alguns anos antes, essa explicação teria sido a única mensagem disponível para o público, dando ao governo tempo para investigar mais a fundo o incidente antes de ajustar a história para refletir a verdade. Mas, como observa Gowing, "Aos primeiros oitenta minutos em domínio público, já havia 1.300 postagens em blogs sinalizando que explosivos tinham sido a causa."

O governo não poderia, simplesmente, insistir na história de sobrecarga elétrica quando o embuste estava cada vez mais claro para todos. Telefones com câmera e sites de compartilhamento de fotos por todo o mundo possibilitaram que o público visse imagens do interior do metrô e de um ônibus de dois andares cujo teto fora feito em pedaços – provas absolutamente incompatíveis com a história oficial. Menos de duas horas após os bombardeios, sir Ian Blair, o comissário da Polícia Metropolitana, reconheceu publicamente que as explosões haviam sido trabalho de terroristas. Ele fez isso apesar de não ter ainda o controle total da situação, contrariando os conselhos de seus assessores, simplesmente porque as pessoas já estavam tentando compreender os acontecimentos, sem esperar que ele se pronunciasse. A opção da polícia antes já havia sido: devemos ou não dizer algo ao público? Em 2005, tornara-se: queremos participar da discussão que o público já está tendo? Blair decidiu falar ao público, nos primeiros momentos, porque as antigas estratégias, que consideravam que as pessoas ainda não estavam comentando os fatos, não funcionavam mais.

As pessoas surpresas com nossos novos comportamentos acreditam que o comportamento é uma categoria estável, mas não é. As motivações humanas mudam pouco ao longo dos anos, mas a oportunidade pode mudar pouco ou muito, dependendo do ambiente social. Num mundo em que a oportunidade muda pouco, o comportamento mudará pouco, mas, quando a oportunidade muda muito, o comportamento fará o mesmo, desde que as oportunidades sejam atraentes para as verdadeiras motivações humanas.

O direcionamento do nosso excedente cognitivo permite que as pessoas se comportem de forma cada vez mais generosa, pública e social, em comparação com seu antigo status de consumidoras e bichos-preguiça. A matéria-prima dessa mudança é o tempo livre disponível para nós, tempo que podemos investir em projetos que variam da diversão à transformação cultural. Se tempo livre fosse a única coisa necessária, entretanto, as atuais mudanças teriam acontecido há meio século. Agora temos à nossa disposição as ferramentas e as novas oportunidades que elas viabilizaram.

Nossas novas ferramentas não causaram esses comportamentos, mas o permitiram. Uma mídia flexível, barata e inclusiva nos oferece agora oportunidades de fazer todo tipo de coisas que não fazíamos antes. No mundo da "mídia", éramos como crianças, sentadas quietas nas margens de um círculo e consumindo o que quer que os adultos, no centro do círculo, produzissem. Isso criou um mundo no qual muitos tipos de comunicação, pública e privada, estão de alguma forma à disposição de todos. Mesmo aceitando que esses novos comportamentos estão acontecendo e que novos tipos de mídia estão fornecendo os meios para que aconteçam, ainda precisamos explicar como. Novas ferramentas só são usadas quando ajudam as pessoas a fazer coisas que queiram fazer; o que está motivando Pessoas Antes Conhecidas Como Espectadoras a começar a participar?

3. Motivo

Josh Groban é um barítono americano, com formação clássica, que canta o que é às vezes chamado de *"classical crossover"* ou "ópera pop", um estilo de música que soa bem próximo do que você pode imaginar – interpretações emotivas de músicas pop em italiano e inglês ("Alla Luce del Sole", "Per Te", "You Raise Me Up"), ao lado de alguns poucos carros-chefes líricos, como "Ave-Maria". Ele é absurdamente bem-sucedido; todos os seus quatro álbuns americanos venderam até hoje 2 milhões de cópias ou mais. Groban é talentoso, extrovertido e bonito; suas legiões de fãs têm sido descritas como garotas adolescentes e suas avós. Ele tem o tipo de público, em outras palavras, que não poderia ser reunido com facilidade através da mídia tradicional, porque não há estações de rádio voltadas para essa variedade de faixas etárias.

Isso torna Groban uma boa e velha história de sucesso da internet. Como aconteceu com Dong Bang Shin Ki, seus fãs em geral recrutam novos, e o marketing de boca a boca se desdobra num panorama de mídia cada vez maior, criado pelos próprios fãs. Seu comprometimento pode ser visto em JoshGroban.com, no qual um grupo de fãs da pesada chama a si mesmo de grobanitas, e de grobania tudo o que se refere a Josh.

A história de um artista usando a web para encontrar fãs já é, hoje, comum; o interessante é algo que aconteceu quando esses fãs se reuniram. Em 2002, alguns grobanitas se propuseram a dar algo a Groban pelo seu 21º aniversário. A escolha do presente criou um dilema para os fãs: o objeto de seu afeto, afinal de contas, era um rapaz que, antes de ter permissão legal para tomar cerveja, já conquistara fama, fortuna e adulação quase infinita. O que ele poderia querer? Depois que os grobanitas discutiram e rejeitaram várias ideias (de quantos ursos de pelúcia um homem precisa?), uma grobanita, Julie Clarke, sugeriu fazer uma vaquinha e, com o total obtido, fazer uma doação beneficente em nome dele. Eles decidiram que quaisquer fundos que levantassem iriam para a Fundação David Foster, uma instituição beneficente administrada pelo produtor de Groban, que trabalha com jovens carentes. Clarke concordou em coordenar as doações, chegando a arrecadar mais de mil dólares. Groban ficou agradavelmente surpreso, a Fundação David Foster adorou e as pessoas que doaram sentiram o prazer da missão cumprida.

Diante do sucesso, Clarke e outra grobanita, Valerie Sooky, que ela conheceu durante o levantamento de fundos, trabalharam para tornar a doação beneficente uma parte da vida em Grobania.[1] Em qualquer cidade em que Groban se apresente, alguns de seus fãs se reúnem antes do show para uma confraternização. Os grobanitas passaram a recolher doações nesses encontros, com frequência levantando centenas de dólares por vez. Esses eventos oferecem um lugar para os fãs se reunirem mais ou menos uma vez por ano, mas JoshGroban.com possibilita isso todo dia. Clarke sugeriu, então, promover um leilão beneficente on-line, para o aniversário seguinte de Groban. Ela e Sooky recrutaram Megan Markus, uma grobanita de dezenove anos louca para ajudar, a fim de criar um site para o leilão. Tratava-se de um negócio claramente amador: era o primeiro trabalho de web design de Megan, muitos dos itens eram feitos e doados pelas próprias grobanitas, e o sistema era tão deficiente que todos os lotes precisavam ser a ele adicionados manualmente. Finalmente, depois de semanas de aprendizado sobre como administrar um software não familiar, eles lançaram seu primeiro leilão.

Arrecadaram 16 mil dólares em poucos dias – mais do que já haviam levantado em qualquer outro evento. Então, fizeram mais um leilão. E mais um. Em um ano, levantaram 75 mil dólares, culminando na doação para o aniversário seguinte de Groban – quase 24 mil dólares arrecadados num único evento.

Clarke, Sooky e Markus perceberam que tinham algo nas mãos. O dinheiro continuava a entrar, e, embora todos estivessem felizes por ajudar a Fundação David Foster, os fundos não estavam sendo levantados pelos fosteritos, então elas perguntaram a Groban como poderiam estreitar aquele trabalho conjunto. Aquilo foi um desafio para os advogados de Groban, a começar pela novidade – organizações beneficentes montadas por artistas são normalmente financiadas pelo próprio artista, então não havia qualquer precedente claro de recebimento de doações de fãs em algum tipo de esquema organizado.

Por fim, os advogados de Groban criaram a 501©3, uma corporação sem fins lucrativos, com o nome útil, embora nada imaginativo, de Fundação Josh Groban. Sua função principal era agir como uma espécie de serviço legítimo de "lavagem de dinheiro", permitindo que os caridosos grobanitas fizessem doações em nome de Groban, que a fundação receberia e cujos resultados repassaria depois. Esse sistema funcionou muito bem por algum tempo – os grobanitas continuaram a levantar dinheiro e a identificar novos beneficiários válidos (agora em colaboração com a fundação).

Em 2004, esse grupo de generosos grobanitas estava crescendo mais depressa do que a própria fundação, que, funcionando como instrumento para o repasse, não oferecia qualquer interface organizacional com que as pessoas pudessem se conectar, nem mesmo um endereço de correio eletrônico. À medida que o número de grobanitas aumentava, as questões administrativas internas tornavam-se mais complexas. (Isso sempre acontece quando grupos crescem em tamanho, idade ou ambição; com os grobanitas, as três coisas aconteceram ao mesmo tempo.) As fundadoras debateram a respeito de como administrar essa recente complexidade: deveriam se tornar o braço voluntário da Fundação Josh Groban ou começar sua própria organização? Depois de mais de um ano de discussão – grupos *ad hoc* em geral envolvem muita conversa –, o fato de serem fãs tentando alcançar outros fãs determinou sua decisão ("Somos um deles, eles nos conhecem, confiam em nós", como mais tarde Sooky me descreveu o raciocínio), e criaram sua própria organização sem fins lucrativos, a Grobanites for Charity (Grobanitas para Caridade).

O levantamento de fundos original, pelo aniversário, e o compromisso social por ele lançado levaram à criação de não apenas uma, mas de duas organizações, que agora funcionavam como metades de um único todo – a Grobanites for Charity levantava os fundos, e a Fundação Groban os repassava. Comparados às organizações beneficentes tradicionais, os grobanitas fizeram tudo de trás para a frente. O modelo sem fins lucrativos comum, para grupos como Save the Children (Salve as Crianças) e Sierra Club, presume que primeiro a organização seja formada e depois adquira os membros; a instituição existe antes de começar a levantar fundos. A Grobanites for Charity tinha membros antes de ter uma missão, seus membros levantaram fundos antes de ter uma instituição, e as fundadoras criaram uma instituição mesmo depois de alguém mais já ter constituído todos os aspectos legais.

Além disso, seu sucesso gerou sucessos – outros grupos de grobanitas começaram também a buscar o trabalho beneficente. A Grobanites for Africa, uma subsidiária totalmente desconhecida da Grobanites for Charity, dedica-se especificamente a levantar dinheiro para organizações que lutam contra a pobreza e os efeitos da aids naquele continente. Esse grupo teve início depois que a primeira turnê internacional de Groban o levou à África do Sul, onde ele se encontrou com Nelson Mandela e anunciou seu apoio ao trabalho beneficente em favor das crianças africanas. Um grupo de grobanitas que preparava o encontro de confraternização para a parada da turnê em Atlanta decidiu adotar essa causa e, a bem da verdade, organizou-se em separado; os integrantes trabalham com outros grobanitas e com a Fundação Josh Groban, um padrão estabelecido pelos esforços originais de levantamento de fundos. Até o momento, a Grobanites for Africa arrecadou mais de 150 mil dólares para aquelas causas.

A pergunta importante em relação à Grobanites for Charity não é "Onde eles arranjaram tempo para se dedicar à caridade?". Sabemos que os grobanitas tinham tempo livre e acesso à mídia, que os conectava quando queriam ser conectados. Também não é "Como eles passaram a fazer parte de um grupo coordenado?". Essa resposta também é conhecida: o JoshGroban.com criou um lugar em que as pessoas podiam se reunir, compartilhar ideias e objetivos e se encorajar mutuamente. Quando elas começaram a trabalhar juntas, o site também lhes forneceu um ambiente para grobanitas prestativos.

A questão intrigante é "Por quê?". Em primeiro lugar, por que aquelas mulheres assumiram a tarefa de levantar dinheiro, e por que a Grobanites for Charity criaria uma entidade distinta, apesar de a Fundação Josh Groban já existir? Aqui, não se trata de *lolcats*; administrar a Grobanites for Charity é trabalho pesado, e não só os participantes não são remunerados, como estão colocando seu próprio dinheiro nesse esforço. Entre todas as coisas para fazer on-line, o que motivaria alguém a despender essa quantidade do seu próprio tempo e de seu próprio dinheiro por algo que não produz qualquer recompensa tangível?

O amor acima do dinheiro

Em 1970, Edward Deci, um psicólogo pesquisador da Universidade de Rochester, realizou um experimento extraordinariamente simples que deu início a uma controvérsia que ainda hoje tem desdobramentos.[2] A experiência era baseada num jogo de quebra-cabeça chamado Soma, um cubo de madeira subdividido em sete peças menores. Cada uma das sete peças é única; há uma em forma de T, uma em forma de L e assim por diante. Essas sete peças só podem ser reunidas no cubo maior de uma única maneira; podem também ser reunidas para criar milhões de outras formas. O desafio do jogo é olhar para o desenho de uma forma potencial e então descobrir como reunir os sete pedaços para criar essa forma. É mais difícil do que parece. Deci desenvolveu suas observações sobre esse desafio.

No início do experimento, ele dava a um participante as peças do Soma e diagramas de três ou quatro formas em que elas poderiam ser montadas. Uma vez familiarizado com as peças (os participantes eram todos homens), Deci lhe pedia que as reunisse nas três ou quatro formas dos diagramas, mas não lhe dizia como. O pesquisador repetiu esse processo com dezenas de participantes, todos eles acreditando que reunir as formas fosse o experimento. Não era. Depois da explicação e de observar o aluno por quase uma hora, Deci saía da sala, dizendo ao participante para fazer um intervalo e esperar até que ele retornasse. Depois que saía da sala, Deci observava o participante através de um vidro espelhado por exatamente oito minutos. O comportamento do participante durante aquele intervalo era o experimento.

Quando Deci saía, os participantes ficavam à vontade para escolher suas próprias atividades. Deci colocara revistas e outras distrações na sala da experiência. (Como isso aconteceu em 1970, as distrações incluíam exemplares da *New Yorker*, da *Time*, da *Playboy* e um cinzeiro). Mesmo com esses itens à mão, muitos alunos continuavam a brincar com o quebra-cabeça do seu próprio modo, passando, em média, cerca de metade dos oito minutos trabalhando nele. Ao voltar, Deci liberava os alunos, tendo gravado sua atividade durante o intervalo, comportamento que lhe forneceu uma linha de base sobre o engajamento voluntário dos participantes no quebra-cabeça.

Deci convidou então os mesmos participantes para uma segunda sessão de desafios Soma, com uma diferença. Dessa vez, pediu à metade deles para trabalhar com o quebra-cabeça exatamente como antes. Aos outros, no entanto, disse que receberiam um dólar por cada forma que montassem (numa época em que um dólar valia alguma coisa para um universitário). Mais uma vez lhes foi dito que fizessem um intervalo, durante o qual eram observados em segredo por oito minutos, enquanto estavam sozinhos na sala. Os alunos pagos, que agora consideravam os cubos uma potencial fonte de renda, tentaram montá-lo, em média, por um minuto a mais do intervalo do que haviam feito antes. Deci fez, então, uma terceira sessão na qual simplesmente repetiu o experimento exatamente como havia sido feito da primeira vez: foi pedido a todos os participantes que fizessem formas sem pagamento algum. Nessa sessão, ainda que todos tivessem recebido instruções idênticas, os que haviam sido pagos na sessão anterior demonstraram, nitidamente, menos interesse pelas formas durante o intervalo do que o manifestado na sessão anterior, na qual tinham sido pagos; seu tempo médio gasto caiu para dois minutos, o que quer dizer que diminuiu duas vezes quando o pagamento foi suspenso, assim como havia aumentado quando o pagamento tinha sido introduzido na primeira vez. Ainda que tivessem brincado com o quebra-cabeça voluntariamente na primeira sessão, a lembrança de terem sido pagos foi o suficiente para reduzir o interesse quando lhes foi dada uma nova oportunidade de tentar montar o quebra-cabeça por conta própria.

Na literatura da psicologia, experimentos destinados a ilustrar o engajamento voluntário são chamados de testes de "livre escolha" – quando alguém tem o controle sobre suas ações, em que medida é provável que se engaje num determinado comportamento? A experiência de Deci com o Soma demonstrou que o pagamento por trabalhar com o quebra-cabeça reduzia a livre escolha em relação à mesma atividade. A conclusão do pesquisador foi que a motivação humana não é puramente cumulativa. Fazer algo porque se tem interesse transforma esse algo num tipo de atividade diferente de outra que se faz para receber uma recompensa externa. O experimento corroborou uma teoria psicológica que distingue dois grandes tipos de motivação, a intrínseca e a extrínseca. Motivações intrínsecas são aquelas nas quais a própria atividade é a recompensa. No caso do Soma, os participantes que permaneceram trabalhando no quebra-cabeça durante o intervalo estavam claramente motivados pela satisfação que adviria de conseguir montá-lo. Motivações extrínsecas são aquelas nas quais a recompensa por fazer algo é externa à atividade, e não a atividade em si. O pagamento é o caso clássico de motivação extrínseca, razão pela qual os participantes foram pagos para reunir as formas.

Receber pagamento adequado pode transformar uma atividade antes indesejável em algo desejável e que vale a pena. (Por isso a sociedade é capaz de empregar coletores de lixo.) Mas o experimento de Deci sugeriu que motivações extrínsecas nem sempre são as mais eficazes e que crescentes motivações extrínsecas podem, na verdade, reduzir as de valor intrínseco. Ele concluiu que uma motivação extrínseca, como ser pago, pode esvaziar uma intrínseca, como usufruir de algo pela coisa em si. (Essa noção de uma motivação esvaziando outra aparece também na literatura sobre ver TV, quando a televisão esvazia as interações sociais).

Outros pesquisadores estudaram, desde então, efeitos de esvaziamento com resultados similares. Em 1993, o sociólogo Bruno Frey descobriu que cidadãos suíços, ao serem consultados sobre a aprovação de uma proposta governamental hipotética para abrigar o depósito de lixo nuclear em sua região, dividiram-se quase meio a meio em suas respostas. Mas, quando Frey refez a consulta para incluir a possibilidade de o governo pagar aos cidadãos para armazenar o lixo, eles mudaram para três a um *contra* a proposta. A perspectiva de abrigar um depósito de lixo foi duas vezes mais impopular quando apresentada como uma atividade pela qual a comunidade poderia ser compensada do que quando proposta como uma questão de dever cívico.[3] Trabalhos posteriores de Frey e seu colega Lorenz Goette descobriram que, em situações do mundo real nas quais o dinheiro era oferecido como recompensa por voluntariado, isso reduzia o número de horas de trabalho doadas pelo voluntário médio.[4] Michael Tomasello, diretor do Instituto Max Planck para Antropologia da Evolução produziu recentemente provas experimentais de que esse tipo de esvaziamento pode ser detectado em crianças de apenas quatorze meses, quando uma recompensa extrínseca é vinculada a uma atividade de que elas gostam e depois é retirada.[5]

A ideia de que as pessoas se comportam de forma diferente quando estão fazendo algo por amor ou por dinheiro não parecerá tão surpreendente para quem quer que já tenha tido um emprego e um hobby, mas muitos no mundo da psicologia acadêmica consideraram perversas as descobertas de Deci. Em 1970, teorias de motivação humana, assim como o uso prático de recompensas em salas de aula e em locais de trabalho, baseavam-se muitas vezes em simples noções de estímulo – acrescentar qualquer nova recompensa a uma atividade existente levaria as pessoas a fazer mais. Essa estrutura fazia pouca distinção entre os diferentes tipos de motivação, e o maior motivador genérico disponível sempre foi o dinheiro. A conclusão de Deci de que o pagamento pode esvaziar outros tipos de motivação atingiu em cheio tanto a teoria quanto a prática existentes. Seu experimento e a pesquisa subsequente sobre o efeito de esvaziamento desencadearam um desacordo acadêmico que continua até hoje.

Em 1994, Judy Cameron e David Pierce, da Universidade de Alberta, analisaram os resultados de dezenas de estudos que haviam remunerado participantes experimentais para desempenhar várias tarefas.[6] Sua meta-análise (como são chamados esses estudos de experimentos múltiplos) negou a existência de qualquer efeito de esvaziamento. Deci e seu parceiro de pesquisa, Richard Ryan, responderam em 1999, observando que Cameron e Pierce haviam incluído um grande número de estudos mostrando que as pessoas eram mais motivadas a fazer tarefas desinteressantes se fossem pagas, resultado do qual ninguém discordou.[7] O que Deci havia examinado, por sua vez, dizia respeito à motivação intrínseca relativa a tarefas nas quais o participante estivesse interessado. A própria meta-análise de Deci e Ryan, que excluía tarefas entediantes, descobriu mais uma vez um efeito de esvaziamento. A segunda meta-análise de Cameron e Pierce, em 2001, admitiu que o esvaziamento da livre escolha poderia ocorrer com a introdução de motivações extrínsecas.[8] No entanto, permaneceram céticos a respeito de que os efeitos de esvaziamento importavam muito no mundo real; seu foco estava nas recompensas oferecidas em ambientes institucionais, como escolas e locais de trabalho. Para eles, o efeito de esvaziamento parecia concentrado em áreas nas quais as pessoas tinham um alto grau de liberdade de escolha de suas atividades. Eles concluíram, assim, que, embora o efeito de esvaziamento fosse real, não tinha muita importância. Afinal, quantos lugares existem em que a livre escolha de uma pessoa em relação às suas atividades importe muito a alguém além da própria pessoa?

Numa era em que nosso tempo livre e nossos talentos são recursos interligados, a resposta é "todos os lugares".

Autonomia e competência

A estrutura de motivações intrínsecas e extrínsecas de Deci e o esvaziamento do amor pelo dinheiro esclarecem bastante a criação da Grobanites for Charity. As entidades filantrópicas divergem enormemente quanto à determinação do destino do dinheiro: quanto vai para os reais beneficiários e quanto para as despesas operacionais diárias, incluindo salários dos que administram a organização. O Instituto Americano de Filantropia só autoriza projetos filantrópicos que gastem com custos no máximo 40% do dinheiro doado, destinando 60% à caridade[9] – nada mau, mas nada excepcional. As entidades filantrópicas que limitam suas despesas a 15% e distribuem 85% são consideradas excelentes. E quanto à Grobanites for Charity – quanto do dinheiro doado pelos membros-fãs é destinado às despesas? Nada. Zero por cento. Eles não têm salário, e o máximo de trabalho possível é doado pelos grobanitas dispostos a investir tempo em vez de (ou bem como) dinheiro. A Grobanites for Charity não é apenas um trabalho de amor; é planejada e incorporada como um trabalho de amor. (A palavra *incorporada* significa, na verdade, "corporificada" – incorporação é a corporificação dos esforços e objetivos compartilhados de um grupo.)

Motivação intrínseca é um rótulo genérico que agrupa diversas razões pelas quais uma pessoa pode ser motivada pela recompensa que uma atividade cria em e de si mesma. Deci identifica duas motivações intrínsecas que podem ser rotuladas como "pessoais": o desejo de ser autônomo (decidir o que fazemos e como fazemos) e o desejo de ser competente (ser bom naquilo que fazemos). No experimento Soma os alunos que continuaram a brincar com as peças durante o intervalo eram motivados tanto pelo desejo de autonomia (o trabalho estava sob seu controle) quanto pelo de competência (o Soma é um jogo em que esforços contínuos aperfeiçoam a destreza). Esse resultado é típico de jogos. Um estudo sobre videogames concluiu que as principais motivações dos jogadores não eram o design e o sangue derramado, e sim os sentimentos de controle e competência que alcançavam à medida que iam dominando o jogo.[10]

Por outro lado, o grupo que foi pago para juntar as peças do Soma teve suas motivações intrínsecas reduzidas. Seu senso de autonomia foi esvaziado pela presença de uma recompensa extrínseca previsível. Do mesmo modo, o prazer da competência, ao ser remunerado, deixou de ser um prazer; quando desejavam se tornar melhores na solução das configurações do Soma a fim de aumentar o pagamento, o aperfeiçoamento em si, da mesma tarefa, teve seu valor reduzido a ponto de desencorajar a livre escolha.

Da mesma forma, a Grobanites for Charity e a Fundação Josh Groban não diferem apenas em termos de contratos e salários. Todos os aspectos das duas organizações diferem, de formas indissociáveis do modo como preservam as motivações intrínsecas dos grobanitas. Por exemplo, a Fundação Groban nem sequer tem seu próprio website, mas apenas uma pequena seção no JoshGroban.com, com atualizações sumárias e releases para a imprensa. O visual é limpo, profissional e minimalista. O site da Grobanites for Charity, por outro lado, é totalmente diferente. Parece algo feito às pressas em 1996, com todas as excentricidades que caracterizavam o web design no início – listas numeradas por corações feitos à mão e linguetas coloridas indicando as seções ao espectador. Parece, em outras palavras, que foi feito por amadores porque *foi* feito por amadores, e não apenas no sentido de "não profissional", mas também no sentido original da palavra *amador*: alguém que faz alguma coisa por amor a ela.

Markus começou a desenhar sites para os grobanitas quando era adolescente – o site original do leilão foi seu primeiro trabalho –, de modo que construir o site Grobanites for Charity foi uma considerável experiência de aprendizagem. Aprender fazendo pode parecer oposto ao desejo de se sentir competente, mas a competência é um alvo móvel. Assumir um trabalho grande e complexo demais pode ser desanimador, mas assumir um trabalho simples a ponto de apresentar poucos desafios pode ser entediante e desanimador. O sentimento de competência é em geral mais bem-alcançado pelo trabalho exercido exatamente no limite de nossas capacidades. A sensação de ter feito algo sozinho e estar bem-feito frequentemente é melhor do que a sensação de que profissionais fizeram algo para mim e está perfeito.

Esse efeito é geral. De volta aos primeiros dias da web, um site chamado Geocities oferecia a seus usuários homepages pessoais, nas quais poderiam postar mensagens, desenhos, fotos, o que quisessem, para ser visto por outras pessoas. Quando ele foi lançado, eu dirigia o departamento de produção de uma empresa de web design em Nova York e tinha certeza de que o Geocities não daria certo. Eu vira a quantidade de trabalho necessária para se criar um website funcional, da navegação ao design e ao layout, e sabia que um bando de amadores não poderia sequer se aproximar da qualidade criada por designers profissionais. Ninguém haveria de querer ter sua própria página medíocre quando havia todo aquele trabalho profissional sendo disponibilizado na web ao mesmo tempo.

Eu estava certo quanto à qualidade do design da página média criada no Geocities, mas estava redondamente enganado em relação à aceitação do site, que logo se tornou um dos mais populares de sua época. O que eu não tinha entendido era que a qualidade do design não era a única medida para uma página da web. Páginas da web não têm apenas qualidade: têm qualidades, no plural. Clareza de design é, sem dúvida, bom, mas outras qualidades, como a satisfação de fazer algo por conta própria ou de aprender enquanto se faz, podem ser mais valorizadas. Ninguém quer um design ruim de propósito – o que acontece é que muitas pessoas não são boas designers, mas isso não as impedirá de criar coisas por conta própria. Criar algo pessoal, mesmo de qualidade média, tem um tipo de apelo diferente do que consumir algo feito pelos outros, mesmo algo que seja excelente. Eu me enganei em relação ao Geocities porque acreditei que amadores jamais iriam querer fazer algo além de consumir. (Foi a última vez que cometi esse erro).

Participação e generosidade

Yochai Benkler, professor de direito em Harvard, e Helen Nissenbaum, filósofa da Universidade de Nova York, escreveram em 2006 um artigo com um título pomposo: "Commons-Based Peer Production and Virtue".[11] Produção de iguais baseada em propriedades comuns é o nome dado por Benkler a sistemas que dependem de contribuições voluntárias para operar – sistemas que dependem de excedente cognitivo. Em seu ensaio, eles descrevem as características positivas que essa participação tanto detém quanto encoraja. Benkler e Nissenbaum, tal como Deci, enfocam virtudes pessoais como autonomia e competência. Mas, enquanto o trabalho de Deci com o Soma enfocava sobretudo as motivações pessoais, eles dedicam um tempo considerável às motivações sociais, que só podemos ter quando somos parte de um grupo. Os dois pesquisadores dividem as motivações sociais em dois grandes grupos – um que gira em torno da conexão ou participação, o outro em torno de compartilhamento e generosidade.

Mediante a observação de diversos desses exemplos participativos, incluindo, em especial, a criação de software por meio de contribuições compartilhadas entre iguais (um modelo chamado de *open source software*), Benkler e Nissenbaum concluíram que as motivações sociais reforçam as pessoais; nossas novas redes de comunicação encorajam a participação em comunidades e o compartilhamento, ambos intrinsecamente bons, fornecendo também apoio para autonomia e competência. O trabalho inicial de Deci com o Soma dava uma pista desse efeito: recompensas verbais pela obtenção de configurações do Soma como "Isto é muito bom" ou "Isto é muito melhor do que a média para esta configuração" produziam melhoras no desempenho, melhoras que persistiam mesmo depois que o feedback verbal acabava. O feedback verbal dá a impressão de que seria apenas outra recompensa extrínseca, como o dinheiro. Quando, porém, é genuíno e parte de alguém respeitado pelo beneficiário, torna-se uma recompensa intrínseca, por se basear num sentimento de conexão, e não de formalidade, e por vir de alguém cuja opinião é valorizada pelo ouvinte.

Formas sociais de organização podem afetar até as questões que parecem mais pessoais. Katherine Stone, advogada norte-americana que trabalha com mulheres com transtornos de ansiedade, percebeu o recente e rápido aumento de grupos de ajuda pós-parto organizados através do Meetup.com, um serviço que usa a internet para coordenar no mundo real encontros de pessoas com afinidades entre si.[12] Stone explicou esse rápido aumento dizendo que "mulheres que estão passando por uma depressão pós-parto … QUEREM E PRECISAM CONVERSAR com outras mulheres que estão na mesma situação. Para compartilhar. Para saber que não estão sozinhas. Para saber que vão se recuperar." A motivação para compartilhar é o fator determinante; a tecnologia é apenas o facilitador.

Essa malha de retroalimentação de motivações pessoais e sociais se aplica à maioria dos diversos usos do excedente cognitivo, da Wikipédia ao PickupPal e ao Grobanites for Charity. Doadores e patrocinadores grobanitas recebem duas mensagens: tanto *Eu fiz* quanto *Nós fizemos*.

O potencial modificado de comunidade e compartilhamento se evidencia no design do site da Grobanites for Charity. Pode não parecer que o design de um website tenha muito a ver com o encorajamento de um sentimento de comunidade, mas algo feito por um amador pode, na verdade, criar melhores condições para um ambiente de comunidade do que um design profissional, da mesma maneira que os *lolcats* transmitem a mensagem *Você também pode brincar disto.*

Como analogia, considere os tipos de cozinha vistos em fotos de revistas de decoração, desenhados para ser perfeitos, com um lugar para cada coisa e cada coisa em seu lugar. Minha cozinha não é assim. (Talvez a sua também não seja.) Mas, se você fosse um convidado num jantar, é bem provável que não ousasse pisar numa cozinha dessas porque seu layout não transmite exatamente a mensagem *Entre e me ajude!* Minha cozinha, por outro lado, transmite essa mensagem – você não ficaria muito sem graça de pegar uma faca e cortar algumas cenouras, se tivesse vontade.

O site de Markus para a Grobanites for Charity funciona dessa maneira. Tem um design nada perfeito, sobretudo se comparado ao JoshGroban.com, mas parece mais convidativo sendo como é, tanto figurativa quando literalmente, e essa qualidade atraente está incorporada em todos os aspectos do site. Os vários links na página principal são bem próximos do que você esperaria – Doação, Leilão, Sobre Nós e assim por diante. E então há a seção chamada Agradecimentos, que é assim:[13]

Um "agradecimento" especial para...

... Shari, por doar generosamente seu tempo para fazer os primeiros suéteres, camisetas e boinas a fim de levantar fundos para a caridade.

... Ellen, por doar suas fotos de Josh (e David Foster) para arrecadar milhares de dólares para a caridade.

... Linda, por fazer nossos cartões da Grobanites for Charity e por mandar os cartões de agradecimento aos doadores da DFF.

E assim por diante, agradecendo individualmente a mais de 350 pessoas, e a página oferece aos leitores a instrução: "Por favor, avise-nos se esquecemos alguém!"

Qualquer grande esforço requer alguma quantidade de trabalho chato, mas indispensável, e as conexões exemplificadas na página de agradecimentos fornecem um incentivo às pessoas para realizar tarefas não apenas porque elas precisam ser feitas, mas porque se tornarão visivelmente valiosas para o grupo. Mais do que funcionar como uma equipe genérica de voluntários que faz tudo que é preciso, as pessoas se sentem incentivadas a assumir trabalhos específicos. Pollyann Patterson faz todas as remessas de buttons e ímãs (grobanitas adoram buttons e ímãs) numa escala tal que se tornou conhecida na comunidade por fazer esse trabalho, e fazê-lo bem-feito. Na página Sobre Nós, ela é apresentada como encarregada da "Coordenação de Buttons e Ímãs", e em seu agradecimento está escrito: "A Polly, por fazer a remessa de todos os buttons e ímãs da Grobanites for Charity sempre que precisamos!" Esse reconhecimento é parte do elo comunitário que permite que os grobanitas levem adiante o trabalho cada vez maior e mais difícil de arrecadar fundos. (Como Cícero disse há 2 mil anos, "a gratidão não é apenas a maior das virtudes, mas a mãe de todas as outras".)

Agora, esse rol de agradecimentos pode parecer bonitinho demais para ser posto em palavras, mas é difícil argumentar com o sucesso. Desde 2002, os grobanitas levantaram mais de 1 milhão de dólares e enviaram 100% desse dinheiro para instituições filantrópicas. Nada mau para um bando de amadores.

Embora as circunstâncias dos grobanitas sejam incomuns, as mudanças relativas à caridade não são. Os grobanitas, um ponto fora da curva, fizeram tudo manualmente, como transformar um site genérico de leilões numa plataforma sob medida para levantamento de fundos; mas hoje já existem diversos serviços para facilitar a criação de sites beneficentes. O Facebook hospeda um aplicativo chamado Causes (Causas), que permite aos usuários fazer doações para causas filantrópicas; ele lista mais de 350 mil causas, que recrutaram cumulativamente milhões de usuários e receberam milhões de dólares. (O Aflac, um centro de luta contra o câncer no Children's Healthcare de Atlanta, tem mais de 1 milhão de membros no Facebook.) Muitos sites são criados para ajudar pessoas a fazer doações para várias instituições filantrópicas, como o DonorsChoose.org, para causas educativas, ou o Firstgiving.com, uma plataforma on-line para sites sem fins lucrativos.

Muitos outros sites se dedicam a ajudar os usuários a doar tempo e habilidades, bem como dinheiro. O NetSquared.org apoia organizações não governamentais que trabalham com ajuda ou desenvolvimento global, o Idealist.org ajuda pessoas a encontrar oportunidades de desenvolvimento comunitário local, e o Care2.com apoia iniciativas ambientais. O Kiva.org, um site de microempréstimos, usa doações de pessoas físicas como capital para financiar usuários que vivem em países em desenvolvimento. Em 2008, sua arrecadação foi tão bem-sucedida que ultrapassou as possibilidades do site de avaliar potenciais beneficiários; o Kiva ficou sem projetos para oferecer empréstimos e precisou recusar doadores. E algumas pessoas doam seu tempo diretamente para a caridade, como os usuários do Extraordinaries, no BeExtra.org, que usam o telefone celular para ajudar na legendagem de fotos sobre tudo, de exposições em museus a documentação sobre degradação ambiental. Essas novas formas de filantropia não se apoiam apenas na existência de ferramentas que nos conectam e nos permitem disponibilizar nosso tempo, talentos ou dinheiro, mas também em nossa motivação para fazê-lo.

Motivação amadora, escala pública

Amadores às vezes se diferenciam de profissionais por habilidade, mas sempre pela motivação; o próprio termo vem do latim *amare* – "amar". A essência do amadorismo é a motivação intrínseca: ser um amador é fazer uma coisa por amor. Essa motivação afeta também o modo como amadores trabalham em grupos. Manter um grande grupo focado pode ser um trabalho de tempo integral. (Em poucas palavras, é a razão de ser do gerenciamento de departamentos). Organizar grupos num todo eficiente é tão absurdamente difícil que, além de uma determinada escala, requer administração profissional. Administradores profissionais, por sua vez, exigem salários, e salários exigem renda, contabilidade e toda a parafernália de uma organização formal, o que significa que há uma grande diferença entre um bando de gente que realmente se preocupa com alguma questão e uma organização de pessoas que realmente se preocupam com aquela questão e trabalham juntas para fazer algo a respeito dela.

Como sempre, grandes obstáculos a uma atividade reduzem o número de pessoas que a exercem, e o obstáculo de uma coordenação de larga escala tem, amplamente, separado amadores de profissionais. Pessoas que fazem algo por amor, seja coletar doações, fazer música ou dedicar-se a um hobby, em geral o fazem em relativa obscuridade; porões de igrejas, bibliotecas públicas, salas de gravação e garagens tendem a abrigar grupos amadores. Atividades profissionais podem ser mais publicamente visíveis (e, de fato, muitos grupos profissionais procuram visibilidade pública, seja no mercado ou na mídia, como um objetivo explícito). Isso nos acostumou a dois tipos de comportamento: pessoas que agem a partir de motivações intrínsecas – amadores – operam em circunstâncias relativamente privadas, ao passo que pessoas que agem a partir de motivações extrínsecas operam de forma mais pública.

O que percebemos hoje, entretanto, é que motivação amadora e modos privados de comportamento não estavam, na verdade, interligados. Em vez disso, as antigas restrições sobre a ação organizada forçaram a união de tais fenômenos, na maioria das vezes como uma opção negativa: quando a busca de um objetivo intrínseco em público exigia um trabalho considerável, a maioria dos amadores optava por abandonar a ação pública. Sempre quisemos ser autônomos, competentes e conectados; só que, agora, a mídia social se tornou um ambiente para acionar esses desejos, mais do que suprimi-los. A reunião de um grupo filantrópico de voluntários num porão de igreja costumava ter um acesso diferente à esfera pública do que uma organização beneficente profissional, mas o website daquele grupo de voluntários está agora tão disponível quanto a organização profissional – GrobanitesForCharity.org é tão fácil de acessar quanto DavidFosterFoundation.org. O site criado por um amador pode não atrair tantos visitantes quanto o criado por um profissional, mas um obstáculo essencial que separava amadores de profissionais foi removido.

Antes, quando a coordenação grupal era difícil, a maioria dos grupos amadores permanecia pequena e informal. Agora que temos ferramentas que permitem que grupos de pessoas se encontrem e compartilhem pensamentos e ações, vemos um estranho e novo híbrido: grupos de amadores grandes e públicos. Os indivíduos podem, com mais facilidade, tornar públicos os seus interesses, e os grupos podem equilibrar, também com mais facilidade, motivação amadora e grandes ações coordenadas.

O alcance geográfico dos esforços colaborativos aumentou drasticamente. Quando Linus Torvalds pediu, pela primeira vez, ajuda para criar o que se tornaria o sistema operacional Linux, recebeu apenas poucas respostas, mas elas vieram de participantes potenciais de todo o planeta.[14] De modo semelhante, Julie Clarke, Valerie Sooky e Meg Markus viviam em lugares diferentes quando estavam construindo o Grobanites for Charity, mas isso não as impediu de criar uma atividade filantrópica que já arrecadou 1 milhão de dólares.

Estamos acostumados com a palavra *global* significando "realmente grande" – corporações globais são maiores do que as nacionais, mercados globais têm mais participantes do que os locais e assim por diante. Mas isso também era apenas um efeito colateral da dificuldade – quando era difícil gerenciar grandes organizações, e tanto mais difícil quanto maiores se tornavam, uma organização precisava crescer muito antes de poder "virar global" (em linguagem de MBA). Mas a globalização não tem necessariamente a ver com tamanho, e sim com escopo. Agora que a dificuldade de coordenar interações desapareceu, é perfeitamente possível ter uma organização global minúscula. A geografia ainda importa, mas não é mais o principal determinante da participação.

A animação japonesa (desenhos animados) é muitas vezes legendada em inglês por redes de fãs voluntários, num processo chamado *fansubbing*.[15] Redes de *fansubbing* são pequenas e globais por natureza, e diferentes grupos de *fansubbers* concentram-se tipicamente em determinados shows ou artistas de animação. O Yahoo.com hospeda um grupo de discussão para portadores da doença de Crohn, oferecendo-lhes um lugar no qual compartilhar suas preocupações e observações;[16] o site possui algumas centenas de membros ativos, originários da Europa, América do Norte e Ásia. O bazar de artesanato on-line Etsy também tem negociantes de todas as partes do mundo. Em 2008, os Estados Unidos modificaram suas leis para exigir uma quantidade maior de testes químicos em roupas e brinquedos (o Ato de Melhoramento da Segurança de Produtos ao Consumidor de 2008, ou CPSIA na sigla em inglês); de modo geral, essa alteração obrigaria cada artesão a procurar informações sobre o CPSIA, mas o Etsy fornece não apenas uma vitrine virtual para seus vendedores, mas também um espaço virtual de conversas. Fóruns de vendas foram invadidos por conversas do tipo "TUDO que você precisa saber sobre o CPSIA" e "Testes CPSIA ao alcance do seu bolso".[17] Essas conversas atraíram participantes na Inglaterra, no País de Gales, no Canadá e na Austrália, tanto quanto nos Estados Unidos. Nenhum dos participantes tinha advogados especializados em obediência a leis comerciais – quase todos eram artesãos individuais sem advogado algum, mas, mesmo espalhados pelo planeta, foram capazes de trabalhar juntos para compreender depressa o escopo e as consequências da lei, algo que não poderiam ter feito sem a mídia social.

Malha de retroalimentação

Se motivações intrínsecas são essenciais à natureza humana, e se sua satisfação nos satisfaz, então o uso de ferramentas que cumpram plenamente essas motivações se deveria disseminar. Em especial, se a mídia social oferece uma plataforma de criação e compartilhamento a um preço bastante baixo, então a participação em atividades que recompensam uma motivação intrínseca deveria crescer, mesmo se a satisfação durar apenas um instante. Foi exatamente isso que aconteceu. Uma de minhas alunas, Victoria Westhead, documentou o surgimento de algo que ela chamou de arte folclórica digital – a produção amadora de palavras, sons e imagens destinados a atrair ou divertir usuários e voltada mais para a circulação amadora do que para a inclusão em qualquer publicação formal. A arte folclórica digital assume muitas vezes a forma de um *mashup*, a combinação de materiais existentes em alguma coisa nova. (Os *lolcats* são um exemplo de *mashup*: uma pessoa junta uma legenda a uma imagem existente).

A arte folclórica digital existe há quase tanto tempo quanto os computadores. A forma original foi a arte ASCII, que data de meados da década de 1960, antes de os computadores terem telas. O ASCII (Código-Padrão Americano para Intercâmbio de Informações, na sigla em inglês) descreve o modo como computadores imprimem letras e números; a arte ASCII foi criada quando eles foram impressos de modo a formar imagens em preto e branco, que se materializavam quando vistas a distância. A arte folclórica digital se disseminou com a própria rede; muitas animações simplesmente vinham com uma música de fundo, sem qualquer sincronização real – um bebê dançando, hamsters dançando, concursos para ver quem conseguiria alterar melhor cenas de filmes famosos. Esses trabalhos artísticos circulavam por e-mail e outras ferramentas sociais sem qualquer outro objetivo além do compartilhamento de algo engraçado, embora muitos deles tenham alcançado uma audiência de milhões.

A disseminação de hobbies digitais não parece muito significativa, em parte porque aprendemos a ver os interesses amadores como um tanto ridículos, se não muito suspeitos. Crescendo nos Estados Unidos, na década de 1970, aprendi, sem que me fosse explicitamente dito, que homens adultos que construíam modelos de trens ou mulheres que faziam trabalhos de macramê eram, de algum modo implícito, patéticos. Ao mesmo tempo, era perfeitamente aceitável passar várias horas assistindo à *Família Dó Ré Mi* e à *Família Sol Lá Si Dó* (tarefa que eu desempenhava, como a maioria de nós, como se fosse um emprego).

Apesar da minha atitude adolescente em relação aos interesses alheios – hobbies são para fracassados, mas TV é para todos –, pessoas com hobbies ou artesãos continuaram a trabalhar nos porões em todos os lugares. Sua motivação era bastante pessoal: o desejo de autonomia e competência. Motivações sociais – desejo de participação e compartilhamento – eram menos relevantes, simplesmente porque o que os economistas chamavam de "custos de visibilidade" eram altos; era difícil para os que tinham um hobby descobrir quem mais, entre os vizinhos, gostava de modelos de trens ou trabalhos em macramê. De fato, como Robert Putnam, sociólogo de Harvard, documentou exaustivamente em seu livro *Bowling Alone: America's Declining Social Capital*, de 1995, a América do pós-guerra viveu um declínio generalizado nas conexões sociais numa gama incrivelmente ampla de setores, do número de amigos íntimos à participação em grupos de hobby e equipes de esportes amadores (como sugerido pelo título de Putnam). O autor argumentou que essa redução no capital social foi motivada pela suburbanização e pelo aumento do tempo gasto com o transporte diário e dedicado a ver televisão.[18]

Se a única coisa permitida pelas nossas novas ferramentas de comunicação fosse a libertação de desejos reprimidos, o efeito seria equivalente ao estouro de uma rolha; a satisfação de nossas necessidades latentes de autonomia e competência jorraria depressa e então se estabilizaria em algum novo nível. Mas isso não é o que está acontecendo. O fluxo da produção e organização amadoras, longe de se estabilizar, continua a crescer, porque a mídia social recompensa nossos desejos intrínsecos tanto de participação quanto de compartilhamento.

A mídia de difusão, como a televisão, claramente preencheu algumas necessidades humanas, mas aquelas que não puderam ser preenchidas se tornaram mais difíceis de ver e, com o tempo, mais difíceis de imaginar. Agora esses desejos estão começando a reaparecer porque a mídia social os tornou tanto exprimíveis quanto visíveis, e também porque motivações pessoais e sociais se ampliam mutuamente numa malha de retroalimentação. A satisfação de sentimentos de participação e compartilhamento pode aumentar nosso desejo de maior conexão, o que aumenta sua expressão, e assim por diante. Alcançaremos algum dia um novo equilíbrio entre participação amadora e consumo, mas, como projetos conjuntos em larga escala e espaços compartilhados não existiam realmente no século XX, temos um longo caminho a percorrer antes de alcançar esse equilíbrio.

A mídia social também acaba com os custos de descoberta: o acesso à web nos permite encontrar outras pessoas que gostam de construir modelos de trens e fazer macramê, ou desenhar aviões de papel, se vestir como personagens de desenhos animados, praticar jnana yoga, tricotar meias, fotografar telefones públicos, fazer comida catalã e por aí afora, a qualquer hora do dia ou da noite, no mundo inteiro. Como observou Nicholas Mirzoeff, meu colega na Universidade de Nova York, a razão pela qual a web continua a surpreender é simples: "A web significa que estamos finalmente sendo expostos a toda a enorme gama de coisas nas quais as pessoas estão realmente interessadas."[19]

Pessoas que se dedicam apaixonadamente a algo que não parece importante para o resto de nós são um alvo fácil de zombaria. A publicação satírica *The Onion* às vezes divulga artigos de um nerd sabe-tudo chamado Larry Groznic, que defende obras consagradas da cultura geek.[20] As próprias manchetes já soam como um compêndio de obsessões: "Quando você estiver pronto para ter uma conversa séria a respeito do Lanterna Verde, você tem meu e-mail"; "Aprecio os Muppets num nível muito mais profundo do que você"; "Agora, mais do que nunca, a humanidade precisa do meu *fanfiction De volta para o futuro*". Parte da piada é que as preocupações internas de qualquer comunidade específica parecem insignificantes aos olhos dos outros; mas ser membro de uma comunidade de interesses compartilhados é se dedicar, profundamente e em detalhes, a coisas nas quais o público em geral não passa muito tempo pensando. Se você quiser ver esse efeito em ação sem Larry Groznic, vá a uma banca de jornal e compre uma revista sobre um assunto para o qual você não liga. Se você lê a *Vogue*, compre a *Guns and Ammo*; se você lê a *Golf Digest*, pegue a *Tiger Beat*; e, à medida que for lendo, imagine o que alguém que gosta daquela revista pensaria dos seus interesses.

Num mundo com altos custos de visibilidade, as pessoas que realmente ligam para os Muppets ou que escreveram o *fanfiction* de *De volta para o futuro* tiveram muito trabalho descobrindo outras que compartilhassem de seus interesses, e, sem ter com quem conversar, aprender, ou para quem se exibir, tinham poucas chances de demonstrar inteiramente esses interesses. Num mundo com baixos custos de visibilidade, porém, pessoas que se dedicam a determinadas coisas podem se encontrar e interagir, longe de todos nós que, simplesmente, não entendemos aquilo.

Amadores geralmente usam o acesso público não para alcançar a mais ampla audiência possível, mas para alcançar pessoas como eles mesmos, exatamente como o Grobanites for Charity tentou alcançar mais fãs de Groban. É possível doar dinheiro à Grobanites for Charity sem ser um fã de Josh, mas com certeza esse não é o caso típico. Fato é que ter acesso a todo mundo é, agora, um modo mais fácil de chegar aos fãs de Groban do que através de meios mais direcionados ao alvo. (*Direcionados ao alvo*, aqui, refere-se às formas através das quais, na visão mundial da mídia de difusão, as pessoas comuns são alvos.) Essa estratégia de "torne-se público para encontrar pessoas que pensam como você" originou um aumento sem precedentes na quantidade de material disponível para o público, mas não projetado para o público – a intenção dos criadores não é alcançar qualquer audiência genérica, e sim comunicar-se com suas almas gêmeas, muitas vezes no âmbito de normas culturais compartilhadas que diferem das que estão em uso no mundo externo.

Considere os usuários do FanFiction.net, a comunidade de pessoas que escrevem novas histórias ambientadas nos mundos imaginários de obras de ficção já existentes. A mais fecunda dessas comunidades é a de pessoas que escrevem histórias que se passam no universo de Harry Potter – o FanFiction.net hospeda mais de meio milhão de histórias de Potter (e mais ainda aparecem em sites como o FictionAlley.org e o HarryPotterFanFiction.com). Centenas das histórias chegam a mais de 100 mil palavras, mais ou menos o tamanho dos romances originais de J.K. Rowling. O Fan-Fiction.net não apenas agrega histórias; ele também hospeda uma comunidade em constante diálogo interno. Se "agradecimento" é a moeda corrente dos grobanites, atenção é a moeda do *fanfiction*; o pedido de "por favor, leia e comente (em inglês, *read and review*) a minha história" é tão comum que foi encurtado para "R&R".

Como todas as comunidades, o mundo do *fanfiction* é às vezes abalado por violações de suas normas culturais. Na comunidade Harry Potter, uma autora *fanfic* com o pseudônimo de Cassandra Claire foi acusada de copiar em seu *fanfic* passagens de dois livros da autora de romances fantásticos Patricia Dean.[21] Pode parecer estranho que um grupo de pessoas publicamente engajadas numa indiscriminada violação de direitos autorais se preocupe com plágio, mas se preocupa, e muito. Não dar crédito a quem de direito é *o* crime nessa comunidade, uma violação não de direitos de propriedade, mas de normas éticas firmemente baseadas em crédito. Alguns escritores de *fanfiction* chegam a fazer uma declaração "legal" no início de seus trabalhos, com "legal" entre aspas porque as declarações dizem o seguinte, com seus erros de ortografia e tudo o mais:

> "Declaração: Eu não sou dono desses personagens, mas eu sou dono das suas personalidades! [sorriso]... meio assim... Naum sei. Mas, de qualquer maneira, JK Rowling é o máximo."
>
> "Declaração: eu não sou dono de harry potter isso é só uma história escrita por um fã."
>
> "Declaração: o Universo de Harry Potter não é meu, só Dana Cresswell é :)"
>
> "Declaração: Eu não sou dono de Harry Potter ou de nenhum outro personagem... só estou pegando emprestado!"[22]

Advogados morreriam de rir com a ideia de que escritores possam legalmente tomar emprestados personagens de outros escritores, de que *fanfiction* é uma categoria especial de criatividade, ou de que escritores podem ser donos de novos personagens ou tramas em universos ficcionais existentes sem a permissão daqueles que criaram esses universos. Até os autores das declarações estão inseguros em relação a elas, como aquele que afirma ser dono "meio assim" da personalidade dos personagens que Rowling inventou. Como crianças encenando um casamento, os declarantes imitam uma forma existente de obrigação ao mesmo tempo em que permanecem legalmente neutros. Eles não deixam de ter valor, mas seu valor está em outro lugar.

A lógica interna da comunidade *fanfic* torna-se mais clara à luz de outra acusação feita a Cassandra Claire; ela foi acusada de especulação, o que, na cultura do *fanfiction*, significa tentar fazer dinheiro com seu *fanfic*.[23] Isso foi considerado prova ainda maior de suas más intenções. As declarações *fanfic* exprimem a lógica de dar crédito público ("J.K. Rowling é o máximo"), mesmo que seja em linguagem de proprietário. Isso é uma visão de "dois mundos" dos atos criativos. O mundo do dinheiro, no qual Rowling vive, é aquele em que criadores são pagos por seus trabalhos. Autores *fanfiction*, por definição, não habitam esse mundo e, mais importante, poucas vezes aspiram a habitá-lo. Em vez disso, em geral escolhem trabalhar no mundo do afeto, em que o objetivo é ser reconhecido pelos outros por fazer algo criativo num determinado universo ficcional. Uma sólida infraestrutura pública é essencial para esse reconhecimento mútuo. Na verdade, um dos efeitos mais lamentados do *caso* Claire foi que ele criou uma cisão na comunidade *fanfic* de Harry Potter.

Visto por esse ângulo, não importa se os autores de *fanfiction* compreendem que o que estão fazendo é ilegal. Ao negar publicamente a propriedade da obra de J.K. Rowling – algo que nunca esteve em discussão –, eles demonstram respeito pela fonte do material que faz agora parte da sua imaginação. Estão também fazendo uma distinção prática entre o mundo do dinheiro e o mundo do amor, porque, mesmo que essa distinção não tenha valor num tribunal legal, tem valor para eles. Nessa comunidade, a pureza de motivação dentro dela importa mais do que a legalidade de ação fora dela.

Motivação intrínseca, ação pública

Se você tivesse algumas semanas de folga, poderia passar todo o tempo que quisesse lendo diversas afirmações públicas em mailing lists, blogs, redes sociais, *wikis*, boletins de avisos e em todos os outros lugares on-line nos quais um indivíduo pode, com três minutos de digitação e pressionando um botão, tornar seus pensamentos disponíveis globalmente. E, se tentasse, ficaria exausto sem ao menos chegar perto de esgotar o que existe lá. Na verdade, você seria ultrapassado pelo desejo dos participantes de todo o mundo de se beneficiar desses recentes canais públicos. Não importa quanto tempo você dedicasse a ler, assistir e ouvir, os amadores do mundo teriam, no mesmo período, produzido mais material – muitíssimo mais – do que você seria capaz de apreender. No final de 2009, uma média de 24 horas de vídeos era carregada no YouTube por minuto;[24] o Twitter recebe cerca de 300 milhões de palavras por dia.[25]

Quando vê pessoas agindo de um modo que não compreende, você pode perguntar, retoricamente, por que elas estão se comportando dessa maneira. Uma pergunta melhor é: será que o comportamento delas está recompensando um desejo de autonomia ou de competência? Está recompensando seu desejo de se sentirem conectadas ou generosas? Se a resposta a qualquer uma dessas perguntas for sim, você pode ter encontrado a explicação. Se a resposta a mais de uma dessas perguntas for sim, você provavelmente encontrou.

As motivações intrínsecas das pessoas são fortes o bastante para que elas gravitem em experiências que as recompensem. Elas também reagem, às vezes, quando lhes são oferecidas falsas versões da participação. Em 1998, o website da revista *People* pediu aos leitores que hierarquizassem a lista das 50 Pessoas Mais Bonitas daquele ano, uma lista escolhida, mas ainda não classificada, pelos editores do site. Numa enquete on-line, eles pediam que os leitores os ajudassem a separar as mais bonitas das apenas incrivelmente lindas.[26]

É difícil imaginar um modo mais cínico de envolver os leitores. Os editores estavam confiantes de que os participantes internalizariam a visão de mundo de sua publicação e produziriam uma lista – com Leonardo DiCaprio em primeiro lugar, depois Kate Winslet, ou quem quer que fosse – tão aceitável para os usuários quanto uma lista criada por eles mesmos. A intenção da enquete era uma tentativa razoavelmente transparente de orientar o tráfego (quando não somos alvos ou olhos, somos o trânsito). Mas a câmara de beleza da *People*, que deveria estar hermeticamente fechada, tinha uma pequena rachadura, que era o voto por escrito. Com essa opção, o tráfego da *People* (ou seja, nós) poderia participar sem escolher entre as alternativas oferecidas. Votos por escrito são, em geral, uma maneira de deixar que as pessoas desabafem sem alterar o resultado de uma enquete, já que os eleitores não conseguem levantar, com facilidade, apoio suficiente a um determinado candidato por eles inscrito para desafiar os já listados.

Ou melhor, era uma vez uma época em que não era assim tão fácil. Mas em 1998, a web oferecia novas ferramentas para a sincronização de grupos. Então, quando a campanha começou, passou a consagrar Hank, o Anão Bêbado Zangado, como a Pessoa Mais Bonita de 1998 no People.com.

Hank, o Anão Bêbado Zangado, nascido Henry Joseph Nasiff Jr., encarnava muito bem o que seu apelido descrevia. Ele tinha sido um convidado ocasional do programa de rádio do polêmico Howard Stern; famoso por sua raiva embriagada, ele fazia esse papel havia cerca de dois anos quando teve início a enquete da *People*. Nasiff era uma espécie de versão caricata das pessoas da *People*, famoso por sua aparência e seu comportamento, mas de um modo completamente diferente de DiCaprio ou Winslet. A campanha de votos a favor de Hank foi iniciada por Kevin Renzulli, criador de um *fansite*, o KOAM.com, dedicado a Stern, o autodenominado Rei de Todas as Mídias.[27] Então Stern pegou a ideia de Renzulli e a retransmitiu; os usuários de vários boletins de discussão e mailing lists gostaram da ideia, e todas essas novas formas de mídia geraram um súbito surto de votos para Hank.

Precisar agir em nome de uma autoridade pode ser uma das grandes desmotivações da vida, e, se tiverem a oportunidade, as pessoas muitas vezes farão algo diferente do que se espera delas, por pura rebeldia. (Qualquer um que tenha filhos já observou esse fenômeno). Votar em Hank oferecia às pessoas uma chance de violar as expectativas da *People*, ao mesmo tempo em que jogavam conforme suas regras. Hank teve uma vitória esmagadora, com quase 250 mil votos de um total de 1 milhão; em segundo lugar, ficou o pugilista profissional Ric Flair, outro que teve o nome inserido pelo público. DiCaprio, o primeiro entre as escolhas originais da *People*, ficou em terceiro, com meros 14 mil votos.

A lição de Hank, o Anão Bêbado Zangado, é esta: se dermos às pessoas uma forma de expressar seu desejo por autonomia e competência, ou generosidade e compartilhamento, elas poderão nos seguir – todo exemplo bem-sucedido neste livro envolve o direcionamento dessas motivações intrínsecas de um jeito ou de outro. Porém, se pretendemos apenas oferecer uma válvula de escape para essas motivações enquanto, na verdade, confinamos as pessoas a uma experiência com um roteiro predeterminado, elas podem se revoltar.

Costumávamos desempenhar nossas motivações intrínsecas na intimidade, a sós ou com a família e os amigos. Entretanto, o elo entre a motivação intrínseca e a ação privada nunca era intenso. Na época em que era difícil entrar na arena pública – como arranjar uma ocupação paralela –, a maioria de nós simplesmente não se dava ao trabalho. Grupos esparsos de amadores poderiam estar dispostos a tentar realizar coisas em público, mas as barreiras organizacionais eram grandes demais. Agora as barreiras são pequenas o suficiente para que qualquer um de nós possa, publicamente, buscar os que pensam da mesma maneira e nos juntar a eles. Os meios para direcionar nosso excedente cognitivo são agora as novas ferramentas que recebemos, mecanismos que tanto possibilitam quanto recompensam a participação. Nossas motivações para usar essas ferramentas são as antigas e intrínsecas, motivações antes mantidas na esfera privada, mas que agora estão irrompendo em público. Entretanto, para se transformar em algo real, todo esse potencial natural ainda precisa de oportunidade.

4. Oportunidade

Todos nós temos motivações intrínsecas, desejos de fazer coisas pelo prazer que elas nos dão. Temos agora ferramentas para nos comunicar e compartilhar, novos meios para nos entregar a essas motivações. Contudo, meios e motivos não são suficientes para explicar o que está acontecendo com os novos usos do nosso excedente cognitivo. Precisamos levar também em conta a oportunidade, maneiras reais de tirar proveito de nossa capacidade de participar em conjunto do que antes consumíamos sozinhos. O excedente cognitivo não é simplesmente a distribuição de trilhões de horas de tempo livre entre 2 bilhões de indivíduos conectados. Mais do que isso, ele é público; devemos combinar nosso excedente de tempo livre se quisermos que ele seja útil, e só podemos fazer isso quando nos são dadas as oportunidades certas.

Criamos uns para os outros oportunidades que, de outra forma, não teríamos. Ao nos tratarmos bem (com honestidade, se nem sempre com gentileza), podemos criar ambientes em que o grupo pode fazer pelos indivíduos mais do que eles poderiam por conta própria. (Os grobanitas não teriam conseguido 1 milhão de dólares se lhes faltassem os meios para unir seus recursos ou a motivação para oferecer a gratidão pública como recompensa pelo trabalho árduo.) O caráter humano é o componente essencial do nosso comportamento sociável e generoso, mesmo quando coordenado com ferramentas de alta tecnologia. As interpretações focadas na tecnologia para entender esses comportamentos erram o alvo: a tecnologia possibilita esses comportamentos, mas não pode causá-los.

Para citar um exemplo, nos anos 2000 inúmeras matérias foram escritas sobre como os idosos estavam realmente começando a usar as ferramentas sociais, matérias com títulos como "A terceira idade gosta da internet", "Os coroas precisam de estímulo: o que acontece quando pessoas mais velhas se conectam" e "As pessoas mais velhas buscam amor na internet".[1] Essas matérias sempre provocavam alguma surpresa. Em meados da década de 1990, muitos achavam que ninguém com mais de cinquenta anos iria querer adotar computadores e redes. Nessa época, quando alguém perguntava: será que os mais velhos vão adotar toda essa nova tecnologia confusa?, a resposta comum era não, mas era a resposta errada, porque a pergunta estava errada. A pergunta certa era: será que os mais velhos vão adotar novas formas de se comunicar com os amigos e a família?

Ninguém quer o e-mail por si só, não mais do que alguém quer a eletricidade por si só; queremos as coisas que a eletricidade possibilita. Da mesma forma, queremos as coisas que o e-mail possibilita – notícias de casa, fotos das crianças, conversas, debates, paquera, fofoca e tudo que está ligado à condição humana. A perplexidade em relação àqueles artigos do tipo "Velhos se comunicando uns com os outros!" vinha de um foco maior nos meios técnicos do que nas oportunidades sociais daquele tipo de comunicação.

Quando alguma coisa nova e surpreendente acontece, queremos uma explicação, e em geral recorremos a algo relacionado à novidade. Se as pessoas estão usando seu tempo e seu talento excedentes de formas públicas e generosas, então achamos que a causa disso são as novas ferramentas: a rede, telefones celulares, novos programas, tudo que não existia no passado. De acordo com esses tipos de observação tecnocêntrica, a surpresa reside nas novas ferramentas. Mas há outra possibilidade. Quando algo novo e surpreendente acontece, em vez de perguntar *Por que isto é novo?*, podemos perguntar *Por que isto é uma surpresa?*

Muitos dos usos inesperados das ferramentas de comunicação são surpreendentes porque nossas antigas crenças sobre a natureza humana eram muito pobres. Daniel Kahneman, o primeiro não economista a ganhar um Prêmio Nobel de Economia, por seu trabalho sobre como os humanos não são atores econômicos racionais, chama esse efeito de "cegueira induzida por teoria":[2] a adesão a uma crença sobre como o mundo funciona que impede de ver como ele realmente funciona. (Esse é o mecanismo do "erro do milk-shake", do Capítulo 1).

Como vimos, a pergunta "Por que todas essas pessoas estão trabalhando de graça?" pressupõe a teoria da ação humana baseada sobretudo na motivação financeira e pessoal: o motivo razoável para fazer alguma coisa é o dinheiro, então fazer coisas de graça requer uma explicação especial. Dentro desse quadro teórico, não há qualquer boa razão pela qual alguém coloque seus vídeos no YouTube ou edite um artigo na Wikipédia. O problema aqui não está nos comportamentos, e sim na explicação. Assim que se parar de perguntar por que as pessoas fazem coisas "de graça" e se começar apenas a perguntar por que as estão fazendo, todo o espectro de motivações intrínsecas (e não financeiras) se tornará parte da explicação.

Nossa surpresa coletiva a respeito das pessoas mais velhas usando as ferramentas sociais tinha pouco a ver com a tecnologia, e muito com esse tipo de cegueira. Uma surpresa não tem a ver apenas com receber uma nova informação; nós assimilamos novas informações sobre o mundo o tempo todo. Ontem chovia, e hoje não; isso é uma informação nova, mas não é uma surpresa. Uma surpresa é receber uma informação nova que viola nossas concepções previamente assumidas. Em outras palavras, uma surpresa é o sentimento de uma antiga crença se quebrando. A surpresa aqui foi que nossas hipóteses sobre como as novas tecnologias de comunicação eram repelentes demonstraram ser absolutamente inválidas.

Muitas histórias que contamos a respeito das ferramentas que usamos são na verdade histórias sobre a motivação humana. Superestimamos grosseiramente o ponto até onde o e-mail pareceria sempre futurístico e difícil de usar, subestimamos grosseiramente as capacidades técnicas das pessoas mais velhas e simplesmente ignoramos a verdade fundamental da tecnologia: se uma ferramenta é útil, as pessoas vão usá-la. (Surpresa.) Elas a usarão mesmo que seja muito diferente do que existia antes, desde que lhes permita fazer as coisas que querem fazer. O mistério não é por que os idosos começaram a trocar e-mails; o mistério é como pudemos nos ter convencido de que o uso do e-mail era, principalmente, uma novidade tecnológica, e não de continuidade social.

Diante das oportunidades corretas, os seres humanos começarão a se comportar de novas maneiras. Também pararemos de nos comportar de incômodas maneiras antigas, mesmo que sempre tenhamos tolerado esses tipos de comportamento no passado. Em 2006, no Burning Man, um festival cultural anual no deserto de Nevada, alguns entusiastas da tecnologia construíram uma cabine telefônica capaz de fazer ligações via satélite. Convidaram orgulhosamente outros burners (como são chamados os participantes) para fazer ligações gratuitas, mas poucas pessoas conseguiram, porque quase ninguém se lembrava de algum número de telefone nem havia levado seus celulares para consultar sua agenda. (Telefones celulares não funcionam naquela parte do deserto.)[3] Por quase um século, o sistema de telefonia nos obrigava a memorizar séries de números se quiséssemos falar com nossos amigos, então fazíamos isso. Mas memorizar números se tornou nada além de uma tarefa momentânea. Memorizávamos números de telefone quando éramos obrigados a fazê-lo, mas nunca o fizemos por prazer e nunca fomos muito bons nisso. Fazíamos porque era um requisito para outras coisas de que gostávamos, como falar com nossos amigos. Assim que os novos telefones nos forneceram a discagem rápida e as listas de contatos, a tarefa se tornou inútil e deixou de existir.

Muitos de nossos comportamentos são como memorizar números de telefone, mantidos não por desejo, mas por alguma inconveniência, e logo desaparecem quando a inconveniência acaba. Receber informações a partir de um pedaço de papel, ter que estar fisicamente próximo de um aparelho de televisão numa determinada hora para assistir a um determinado programa, manter as fotos das férias para nós mesmos, como se fossem algum grande segredo – nenhum desses comportamentos fazia o menor sentido. Fizemos essas coisas durante décadas ou mesmo séculos, mas elas eram tão estáveis quanto as necessidades que as causavam. E, quando as necessidades se foram, os comportamentos também sumiram.

Todo pequeno e surpreendente novo comportamento aqui descrito tem dois elementos em comum: as pessoas tiveram a oportunidade de se comportar de uma maneira que recompensasse alguma motivação intrínseca, e essas oportunidades foram possibilitadas pela tecnologia, mas criadas por seres humanos. Esses pequenos novos comportamentos, no entanto, são extensões de padrões muito mais antigos das nossas vidas como criaturas sociais, muito mais do que substitutos desses padrões.

Skates e suportes

No começo da década de 1970, a seca e a recessão esvaziaram muitas piscinas no sul da Califórnia. Uma piscina vazia não parece ser muito útil para ninguém, mas na cidade de Santa Monica um grupo de garotos tirou proveito das piscinas esvaziadas pela recessão. Esse grupo, autointitulado Z-Boys, começou a andar de skate dentro das piscinas vazias, subindo e descendo as paredes curvas e cruzando os fundos delas.[4] As piscinas possibilitavam uma enorme gama de novos truques, já que subir ao topo de uma parede lhes dava impulso suficiente para descer acelerados e cruzar o fundo até a outra parede, onde podiam repetir o processo. Com algumas tentativas e a ajuda da gravidade, um skatista conseguia andar num estilo radicalmente mais rápido e mais atlético do que qualquer coisa que conseguiria fazer numa rua ou calçada. Conforme andavam (ou sentavam para cuidar dos machucados), os Z-Boys trocavam dicas e truques; testavam continuamente novas ideias e as adotavam, melhoravam ou descartavam. O movimento mais audacioso era começar do topo de uma piscina e se lançar pelo lado dela até embaixo: um skatista com postura perfeita e alguns bons lances de aceleração era capaz de gerar impulso suficiente para subir o lado oposto, ultrapassar os limites da piscina e se imobilizar no ar.

A difusão dessas técnicas foi impulsionada por uma animada competição. Com frequência pensamos em competição como puro conflito, a maneira como as empresas competem pelo mercado, felizes em empurrar umas às outras para fora do negócio. Em grupos de pessoas que se conhecem e compartilham interesses, todavia, a competição pode incorporar uma qualidade colaborativa. Os Z-Boys competiam não para terminar o desenvolvimento da técnica de skate, mas para expandi-lo. Em vez de tentar chegar a alguma forma final ou correta de andar de skate, ou à maestria de alguma técnica oculta e inimitável, eles desenvolveram às claras novos estilos e truques, desafiando a fim de encorajar uma réplica.

Eric von Hippel é um economista do MIT que estuda "inovação do usuário líder", a inovação que é conduzida não pelo criador de um produto, mas por seus usuários mais ativos.[5] Ele usa os Z-Boys frequentemente para ilustrar um fato mais genérico: as capacidades de uma ferramenta não determinam completamente suas funções máximas. Em vez disso, os usuários podem colocar uma ferramenta em funcionamento de formas que seus criadores jamais imaginaram, e essas novas funções são muitas vezes descobertas e aperfeiçoadas não por um arroubo de inspiração individual, mas pela exploração e pelo melhoramento feitos por um grupo colaborativo.

Muito da cultura atual do skate veio da colaboração dos Z-Boys. Perto de Del Mar, em 1975, eles apareceram em sua primeira competição formal – e a maestria do seu estilo era tão completa que seus integrantes chegaram a ser metade dos finalistas.[6] Em questão de meses, seu modo atlético e seus movimentos no ar estavam a caminho de se tornar a nova norma, primeiro no país e depois em todo o mundo.

Essa rede de skatistas da Califórnia criou um ambiente no qual as pessoas que gostavam de skate podiam se aperfeiçoar juntas. Um sentido de integração, de pertencimento a um grupo que é animado pelo compartilhamento de uma visão ou um projeto, pode iniciar um circuito de resultados no qual a autonomia e a competência também aumentam. As pessoas que fazem parte de uma rede em que se tornam melhores naquilo que amam tendem a permanecer nessa rede. À medida que a capacidade do grupo de aprender e trabalhar junto se fortalece, ele atrai mais participantes. Os novatos que não se tornam parte do grupo central frequentemente levam as ideias para o mundo. O estilo Z-Boy de praticar skate não se tornou global porque todo mundo virou um Z-Boy; em vez disso, integrantes periféricos do grupo se tornaram os embaixadores daquelas ideias.

Em *Collaborative Circles: Friendship Dynamics and Creative Work,*[7] Michael Farrell detalha como grupos de amigos e colaboradores melhoram as ideias de um grupo e as disseminam. Ele detalha diversos casos, começando com o grupo de pintores franceses conhecido como impressionistas. Os membros centrais desse grupo, Claude Monet e Auguste Renoir, conheceram-se quando estudavam pintura no estúdio de Charles Gleyre. Mais tarde, o grupo se encontrava semanalmente no Café Guerbois, e foi aos poucos se expandindo, com a inclusão de Edouard Manet, Edgar Degas, Berthe Morisot e Camille Pissarro. (Morisot, uma mulher, não comparecia aos encontros porque as mulheres não podiam frequentar cafés; sua impossibilidade de participar fez dela uma cidadã de segunda classe, ilustrando como as oportunidades são afetadas pelas estruturas sociais, seja positiva ou negativamente.)

Tal como os Z-Boys, o núcleo central dos impressionistas criou um ambiente em que novas ideias podiam ser rapidamente testadas e melhoradas ou descartadas; à medida que participantes entravam e saíam, levando com eles as ideias, aquele ambiente servia como ponto de difusão para as ideias do grupo. Nas palavras de Farrell, "a maioria dos círculos colaborativos consiste de um grupo central que interage com frequência e de um grupo periférico 'estendido' cujo grau de envolvimento varia. O núcleo agrega os membros que se encontram com regularidade, discutem seu trabalho, e por meio de sua interação desenvolvem uma nova visão", enquanto o grupo estendido dissemina as ideias que brotam do núcleo.

A alta cultura do impressionismo francês e a cultura do skate dos Z-Boys tinham dinâmicas similares. O ambiente efervescente de um círculo colaborativo pode fazer com que as ideias e realizações dos participantes se desenvolvam mais depressa do que se eles estivessem buscando os mesmos objetivos sem o compartilhamento. Nossa capacidade de perseguir nossos próprios objetivos sem deixar de dar atenção e apoio aos objetivos de outras pessoas é fundamental para a vida humana – tão fundamental, de fato, que na verdade temos problemas para deixá-la de lado.

Jogo do Ultimato

Na segunda metade do século XX, a economia predominante (com frequência rotulada de economia neoclássica) localizava tipicamente os efeitos da emoção humana fora das transações financeiras, fosse antes ou depois delas. Esses economistas consideravam a emoção incentivo à transação ("Ele está comprando novos sapatos porque gostaria de estar mais bem-vestido") ou como resultado da transação ("Ele está mais feliz agora que tem sapatos novos"). A transação em si era, em geral, considerada sem vida própria. Essa noção simplista está em conflito com muito do que acontece na vida real. E entra também em conflito com uma parte grande e cada vez mais importante das ciências sociais.

O vasto e ainda crescente corpo da ciência cognitiva experimental, também chamada de economia comportamental, está demonstrando que os seres humanos nem sempre agem por interesse próprio, e que as transações em si têm um componente emocional. A economia comportamental costuma testar ideias através de jogos. Ao criar um sistema simples de regras, os pesquisadores podem observar o comportamento humano sob condições relativamente controladas. O truque é criar um experimento que vá ilustrar claramente a parte do comportamento em que o pesquisador está interessado. Um dos mais famosos e elegantes jogos das ciências sociais é o Jogo do Ultimato, testado pela primeira vez em 1982, por Werner Güth, Rolf Schmittberger e Bernd Schwarze,[8] na Universidade de Colônia, e repetido inúmeras vezes ao redor do mundo, porque seus resultados se chocaram intensamente com as previsões da economia neoclássica.

O Jogo do Ultimato é uma interação entre duas pessoas. Imagine que você e uma pessoa estranha são os jogadores, e cada um tem um papel: seu parceiro desconhecido é o proponente, e você é quem responde ao que ele propõe. O jogo começa quando o pesquisador dá a seu parceiro dez dólares, instruindo-o a decidir de que forma gostaria de dividir o dinheiro entre vocês dois. Quando a divisão é proposta, você não pode mudar. A única coisa que pode fazer é aceitar ou rejeitar a oferta. (Daí o nome do jogo.) Se você aceitar, seu parceiro fica com a parte proposta dos dez dólares, e você com o resto. Se você recusar, porém, ambos ficam sem nada.

A economia neoclássica prevê o resultado desse jogo de forma bastante clara: a pessoa vai propor ficar com nove dólares e dar a você um dólar, e você vai aceitar porque vai estar melhor com um dólar do que sem ele. Um dólar, ainda que pouco em relação à parte com que ela ficou, é mais do que nada; portanto, preferível a nada.

Assim é a teoria, mas na prática o jogo não funciona assim. Em vez disso, o proponente costuma oferecer valores entre quatro e cinco dólares, que o parceiro em geral aceita. Quando o proponente oferece valores inferiores, o parceiro normalmente recusa, causando aos dois o prejuízo de não receber recompensa alguma. Quanto mais baixa a oferta, mais alta a probabilidade de recusa. Esse resultado – bastante intuitivo, se você se imaginar ali, encurralado – foi um choque para a teoria neoclássica (que ator racional abriria mão de um dólar grátis pela simples satisfação emocional?). À medida que os resultados do Jogo do Ultimato se tornaram mais conhecidos, os desafios às suas conclusões cresceram.

Foram realizadas versões em que centenas de dólares estavam em jogo; ainda com mais rigor no controle do anonimato dos participantes, a fim de que eles não se preocupassem com retribuição; com pessoas de diferentes idades, classes e culturas; e, numa versão conhecida como Jogo do Ditador, o proponente podia declarar os termos da divisão sem que o parceiro pudesse opinar.[9] Até mesmo nesse caso, a divisão proposta foi mais generosa do que o esperado. O experimento foi testado em incontáveis variações, mas a tentativa de revelar a essência secretamente racional da humanidade simplesmente fracassou. Nenhum grupo de proponentes jogando a versão clássica do Jogo do Ultimato jamais se comportou da maneira egoísta prevista pela teoria neoclássica, e nenhum grupo de desafiados jamais se sentiu motivado a aceitar uma proposta de divisão que se desviasse muito de um senso comum de justiça, não importando quão sensata fosse a escolha no caso específico.

No Jogo do Ultimato, as pessoas se comportam como se sua relação importasse, mesmo que lhes seja dito que não importa, mesmo quando lhes é garantido que não importa, até mesmo quando têm apenas uma interação com um parceiro desconhecido. Críticos do Jogo do Ultimato argumentaram que ele só funcionaria se os participantes estivessem convencidos de que suas ações não teriam consequências sociais fora do jogo. Essa crítica desconsidera o fato de que, se é difícil para nós imaginarmos situações nas quais nossos negócios sejam completamente anônimos, isso pode se dever ao fato de sermos profundamente sociais. Somos péssimos ao agir como se estivéssemos totalmente isolados porque esse isolamento é raro e antinatural. (Mesmo os alunos de economia, que têm fama de estar entre os mais gananciosos proponentes do Jogo do Ultimato, nunca conseguem chegar nem perto de divisões nove para um.) Concebido mais como experimento psicológico do que econômico, o Jogo do Ultimato e suas variantes mostram que somos incapazes de nos comportar como se não fôssemos membros de uma sociedade maior, como se não medíssemos o efeito de nossas ações tendo em mente a participação nessa sociedade.

Recusar divisões mesquinhas, ao que parece, é um ato social e comunicativo, em vez de um simples equívoco cognitivo. Numa variante do jogo que fortalece essa hipótese, o proponente é um computador, e o desafiado sabe que o proponente é um computador. Nessa situação, normalmente, o desafiado aceita o dinheiro oferecido, já que não há outro ser humano a punir e nenhum sentimento de satisfação em retaliar uma máquina, que seria incapaz de compreender a raiva implícita na recusa. Outra versão foi aplicada enquanto os participantes tinham seus cérebros escaneados; os desafiados que rejeitaram propostas mesquinhas tinham aumentada a atividade do estriado dorsal, que está envolvido em experiências de satisfação, sugerindo que consideramos compensador deixar os oponentes para trás, e que estamos dispostos a abrir mão de outras recompensas (no caso, monetárias) para ter esse sentimento.

Uma das poucas variações do Jogo do Ultimato que produzem um comportamento condizente com as previsões neoclássicas é aquela na qual vários desafiados competem por uma parte do dinheiro de um único proponente, e o fazem sem se comunicar uns com os outros. Nesse caso, o proponente podia escapar com uma divisão de nove para um, porque os desafiados que não aceitam a oferta não ganham nada. Esse jogo é executado como um mercado, no qual o proponente usufrui das vantagens da pura competição. (As divisões chegam a um para nove quando muitos proponentes competem pela transação com um único desafiado.) A lição aqui é de que os mercados funcionam como é anunciado, mas eles precisam ser concebidos e implementados para derrotar a coordenação social.

Essa é uma descoberta diferente, e muito mais limitada, do que a ideia de que os mercados são uma (ou mesmo a) ocorrência normal na vida humana. Na verdade, um dos grandes baluartes dos padrões éticos numa sociedade é a vontade do povo de punir aqueles que abandonam as normas da justiça e do bom comportamento, mesmo quando sabem que a punição lhes custará algo. Isso é exatamente o que os desafiados fazem no Jogo do Ultimato quando rejeitam ofertas menores e, como a sociedade goza dos benefícios dos custos individuais desse comportamento, isso é chamado de punição altruísta. As pessoas sentem prazer ao punir as ações erradas, mesmo que isso lhes custe tempo, energia e dinheiro. No Jogo do Ultimato, os desafiados punem os proponentes gananciosos recusando sua oferta de divisão do dinheiro, mas o que recebem de volta é a satisfação de saber que o proponente não se aproveitou de uma partilha injusta.

Estabelecer preços de mercado parece inerentemente incompatível com a divisão pública como forma de organizar os assuntos humanos, e é fácil compreender que, quanto menos uma cultura for orientada para o mercado, mais generosos e abertos serão seus membros uns com os outros. Como forma de testar essa hipótese, o Jogo do Ultimato foi aplicado em diferentes culturas, e o resultado é que o egoísmo e as forças de mercado estão de fato relacionados. A surpresa é que se relacionam da maneira oposta à que se poderia esperar. Os mercados apoiam interações generosas com estranhos, em vez de miná-las. Isso significa que, quanto menos integradas são as transações de mercado numa dada sociedade, menos generosos seus membros serão entre si em transações anônimas.

Longe de ser incompatível com a divisão pública, a exposição à lógica de mercado na verdade aumenta nossa disposição de negociar generosamente com estranhos, em parte porque é assim que funcionam os mercados.

Quando estou vendendo algo, a natureza econômica da transação na verdade corrói meu interesse em como (ou se) eu conheço o comprador. O mercado aproxima as pessoas com a utilidade de fazer transações com pessoas que não se conhecem e com a ideia, ainda que implícita, de que essas transações são uma forma apropriada de interagir com estranhos.

Entretanto, só porque as normas envolvidas na produção social têm antecedentes na cultura de mercado, isso não significa que os dois modos possam ser facilmente hibridizados. Na verdade, trocar o pagamento a profissionais para criar algo por comunidades que fazem o mesmo serviço por amor a algo pode ser tecnicamente insignificante, mas socialmente angustiante. Há um debate permanente a respeito de doação de sangue, plasma e órgãos, sobre se deveriam ser tratados como bem comum ou como mercadoria. Ambos os métodos foram testados em vários lugares, e cada um tem suas vantagens e desvantagens. Mas o calor do debate não se refere a uma diferença marginal entre campanhas de sangue da Cruz Vermelha (que se baseiam na lógica pública) e pessoas que vendem seu sangue para plasma (organizadas em mercado). O conflito é, em vez disso, sobre a moralidade do mercado como forma de fazer pessoas oferecerem seu sangue ou órgãos. (Podem-se encontrar discussões semelhantes sobre todo tipo de assunto, do uso de barrigas de aluguel à atividade dos cambistas.)

Combinabilidade

A informação agora pode estar globalmente disponível num número ilimitado de cópias perfeitas, a custo marginal zero. O resultado é que todos os modos de comunicação que um dia precisaram se apoiar em preços de mercado podem agora ter uma alternativa que se baseia no livre compartilhamento. (O acesso à *Encyclopaedia Britannica* usa preços de mercado, enquanto o acesso à Wikipédia é aberto; os softwares também passaram por mudança semelhante entre versões comerciais e abertas.) Da mesma forma, as antigas limitações da TV, do rádio e da imprensa escrita criaram uma classe de profissionais de mídia com acesso privilegiado ao discurso público, mas agora o discurso público pode contar com ampla participação. (Você precisa ser contratado para estar no noticiário da noite, mas não para blogar todas as noites.) Muitos obstáculos de coordenação que requeriam gerentes profissionais para dirigir trabalhadores pagos podem agora ter uma alternativa que se baseia na maciça distribuição da cooperação entre amadores. (A Microsoft precisa contratar e gerenciar as pessoas que criam o Windows; o grupo de programadores que criou o Linux, não.)

A mudança é um fato – as redes digitais barateiam o compartilhamento e tornam a participação potencial quase universal. Mas a reação a esse fato tem sido, com frequência, de descrença e horror, ao menos entre os que se beneficiam dos preços de mercado e dos nivelamentos oficiais. A observação de Maxine Hong Kingston quanto ao maravilhoso botão "Publicar" rebateu cinco séculos de suposição de que amadores não podiam compartilhar coisas diretamente entre si, ao menos não em larga escala.

Alexis de Tocqueville, historiador do século XVIII, teria entendido as vantagens do excedente cognitivo. Em seu livro *Democracia na América*, ele escreveu: "Nos países democráticos, o conhecimento de como combinar é a mãe de todas as outras formas de conhecimento; de seu progresso depende o das demais."[10] A produção social cada vez mais se baseia no "conhecimento de como combinar" de Tocqueville.

As sociedades com mercado oferecem às pessoas a experiência de interagir com estranhos, experiência que é necessária para se tirar proveito do excedente cognitivo. A questão é saber quando os mercados são uma ótima opção para organizar as interações e quando não são. Em particular, como mostra o Jogo do Ultimato, quando a noção de justiça aparece mais do que a de preço, o senso internalizado das pessoas sobre como tratar os outros é difícil de suprimir e fácil de estimular. Como demonstrou o Nobel de Economia Elinor Ostrom, quando admitimos que as pessoas são antes de tudo egoístas, nós concebemos sistemas que recompensam as pessoas egoístas. Em seu livro *Governing the Commons: The Evolution of Institutions for Common Action*, Ostrom caracteriza as suposições desses sistemas:

> Quando indivíduos com alta taxa de desconto (ou seja, que valorizam ganhos do presente muito mais do que ganhos futuros) e pequena confiança mútua agem de maneira independente, sem a capacidade de se comunicar, para entrar em acordos que os vinculem e desenvolver mecanismos de controle e promoção, não é provável que escolham estratégias que beneficiem a todos.[11]

Suposições de que as pessoas são egoístas podem tornar-se profecias autorrealizáveis e assim criar sistemas que proporcionam muita liberdade individual para agir, mas não muito valor público ou gestão de recursos coletivos para o bem público maior. Sistemas criados a partir de suposições de egoísmo também podem excluir inúmeras soluções que podem vir à tona quando as pessoas se comunicam umas com as outras e fazem acordos que elas próprias monitoram e promovem juntas. Por outro lado, sistemas que admitem que as pessoas agirão de maneira a criar bens públicos e que lhes fornecem oportunidades e recompensas pelo fato de elas fazerem isso, com muita frequência lhes permitem trabalhar juntas de uma forma melhor do que a teoria neoclássica teria previsto.

Ostrom concentrou-se em como grupos de pessoas compartilham a gestão da propriedade comum, tais como grupos de fazendeiros que precisam partilhar a água para irrigação ou pescadores que precisam escolher locais para lançar a rede, o tipo de condição em geral chamada de a tragédia dos comuns. A condição de acesso compartilhado a recursos comuns é uma tragédia porque atores egoístas podem exaurir o recurso ao qual têm acesso, como é o caso de pastores que deixam suas ovelhas pastarem excessivamente num campo comum ou fazendeiros que abusam da irrigação a partir de uma fonte comum de água. A economia neoclássica supõe que, para evitar esse resultado, um mercado deve ser estabelecido para que esses bens sejam privatizados e então comprados e vendidos, ou que uma agência estatal regule a gestão da propriedade comum. Ostrom demonstrou que, em alguns casos, o grupo que utiliza o recurso pode gerenciá-lo melhor do que o mercado ou o Estado. Esses arranjos internos do grupo baseiam-se muitas vezes em comunicações repetidas e interações entre os participantes, e num local comum a todos eles. O trabalho de Ostrom notou que essa gestão compartilhada comumente se apoiava na visibilidade mútua da ação dos participantes, no comprometimento verdadeiro com os objetivos comuns e na capacidade dos integrantes do grupo de punir os infratores. Quando essas condições são preenchidas, as pessoas com a parte maior dos recursos podem fazer um trabalho melhor, tanto na gestão quanto no policiamento das infrações, do que os sistemas que o mercado ou o governo destinam ao mesmo objetivo.

Grupos que gerenciam problemas de recursos comuns assumem um compromisso compartilhado com uma norma de cooperação. É diferente da capacidade de ver o mau comportamento e puni-lo. A infração com que é mais fácil de lidar é aquela que não acontece, então, fazer com que os integrantes internalizem uma noção de certo e errado, ao lidar com direitos de irrigação ou de pesca, torna-se uma ferramenta essencial. Essa internalização baseia-se no que foi demonstrado pelo Jogo do Ultimato, ou seja, que pessoas em circunstâncias sociais vão moderar seu comportamento para ser menos egoístas.

A redução social dos impulsos egoístas pode ser estimulada com facilidade. Quando uma bandeja de doces é colocada numa área comum de um escritório, os funcionários comerão menos se houver olhos alheios à espreita[12] (comprovando assim a hipótese de H.L. Mencken, que dizia que "consciência é aquela vozinha dizendo que alguém pode estar olhando"[13]). De forma similar, o aeroporto de Copenhague, na Dinamarca, começou a comunicar suas regras por meio de displays que mostram seus funcionários segurando avisos como "Não leve o carrinho de bagagem nas escadas rolantes". O conteúdo informativo do aviso é idêntico ao que havia antes, mas apresentá-lo nas mãos de uma pessoa fotografada dispara a sensação de que há seres humanos por trás de todas as regras e requisitos.

Em circunstâncias corretas, somos bons em coordenar nossas ações com consideração pelas outras pessoas, mesmo pelas que não estão presentes. Essa habilidade, entretanto, não é universal; requer que se descubra como encorajar a consideração recíproca de uns pelos outros e assim equilibrar as motivações egoístas que estão contra ela. Esse desafio é parte de qualquer dinâmica de grupo – tanto os Z-Boys quanto os impressionistas tinham aspectos competitivos e colaborativos. A novidade é a perspectiva de criar essa consideração recíproca em grupos muito maiores e mais dispersos, grupos que unem seus esforços sem compartilhar um espaço físico, e cujas criações podem ser valiosas não apenas para os participantes mas também para o resto do mundo.

Produção social: pessoas desconhecidas tornando sua vida melhor de graça

Se você usou a internet duas vezes esta semana, há uma chance de que você deva a Brian Behlendorf um bilhete de agradecimento. Behlendorf foi o primeiro programador do Apache, o servidor mais utilizado do mundo, o software que faz chegar ao seu computador as páginas da internet.[14] Servidores estão entre os softwares mais importantes já desenvolvidos; com cerca de 2 bilhões de pessoas usando a internet atualmente, acessamos trilhões de páginas a cada ano, a maioria delas de servidores Apache.

Servidores existem em muitas variações, mas o Apache é de longe o mais usado. Ele existe há mais ou menos uma década, e na maior parte desse tempo teve pelo menos 60% do mercado. Bem, isso é interessante para quem trabalha com o Apache, mas e daí? A multinacional Procter and Gamble também detém uma grande fatia do mercado, mas ninguém deve a seus executivos um agradecimento – eles têm o mercado para recompensá-los. O Apache, contudo, é diferente, porque é gratuito – assim como a liberdade de expressão e a cerveja grátis (como gostam de dizer os defensores de softwares gratuitos).

O código de computador que constitui o Apache está tão pronto e disponível publicamente quanto um texto não oficial de Harry Potter produzido por fãs, mas é consideravelmente mais valioso, e esse valor é assegurado pela licença Apache, uma forma de copyright que garante que ninguém, nem mesmo seus criadores, pode impedir que versões do programa circulem gratuitamente. Qualquer um pode pegar o código, fazer sua própria versão do Apache e vendê-la, mas não pode impedir ninguém de fazer outra versão competitiva para oferecer de graça. O efeito prático dessa licença (e a razão pela qual Behlendorf e seus colegas a desenvolveram, em vez de desenvolver apenas o software) é garantir que qualquer um que faça melhorias no Apache possa compartilhá-las facilmente, sem medo de mais tarde ser alijado de seu próprio trabalho. A licença faz do Apache um direito para seus programadores e um presente para seus usuários.

O projeto Apache reúne um incrível leque de diferentes talentos; alguns dos que contribuem com ele tentam chegar a um novo patamar, outros tentam fazer a versão atual rodar mais depressa, e outros, ainda, tentam apenas corrigir defeitos. Ninguém tem todos os talentos necessários para fazer tudo sozinho, mas grupos de pessoas podem ser desestabilizados por desejos conflitantes entre os indivíduos envolvidos. A igualdade legal de acesso e a liberdade ilimitada de uso do Apache significam que, enquanto as pessoas podem fazer (e fazem) versões comerciais do código, a maioria dos programadores que trabalham nele vai fazer isso na versão livre. Além do mais, como qualquer um pode modificar uma versão do Apache para seu próprio uso, a licença encoraja uma grande quantidade de experiências, cujo resultado pode acabar se reintegrando à versão principal. Pequenos obstáculos para a participação tornam a pesquisa e a integração dos resultados mais fáceis do que num produto desenvolvido comercialmente.

Os avanços no Apache (e em todos os grandes projetos de software livre) se baseiam na existência de um grupo colaborativo de pessoas, e a capacidade de recrutar esse grupo e integrar seu trabalho impeliu a predominância do Apache por mais de uma década. O Apache não é apenas não comercial; ele precisa ser não comercial para poder absorver as contribuições de tantas pessoas quanto puder e pelo menor custo possível. Restringir o acesso a empregados pagos ou o uso a consumidores pagantes criaria obstáculos que impediriam o Apache de ser tão resistente, flexível e popular como é agora. Há pessoas que ganham para trabalhar com isso;[15] a IBM paga a centenas de engenheiros para trabalhar em vários projetos abertos como o Apache, o que resulta em produtos mais valiosos, da mesma forma que paga a engenheiros para trabalhar em softwares de sua propriedade. No caso do Apache, contudo, eles não podem gerenciar ou controlar o projeto só porque estão remunerando alguns dos trabalhadores. O pagamento de engenheiros cria valor, mas não dá direitos de propriedade ou de gestão.

Os projetos de software livre, por outro lado, baseiam-se nos mecanismos de Elinor Ostrom sobre gerenciamento compartilhado de recursos publicamente acessíveis, com muita comunicação entre os integrantes, interações repetidas e um acordo mutuamente vinculante (como a licença do Apache). Tanto a comunidade quanto a licença são essenciais para o sucesso do Apache; a comunidade policia as provisões da licença, e a licença fornece à comunidade uma medida de comportamento aceitável. O projeto fracassaria sem um desses componentes.

O método do Apache de organizar a atividade de grupo é ao mesmo tempo antigo e novo. Como em outros círculos colaborativos, ele começou com um grupo central de programadores, uma equipe de meia dúzia de pessoas em São Francisco que se reuniram em torno de Behlendorf mas não foram gerenciadas por ele e que trabalhavam sobretudo para melhorar o software que usavam. Conforme crescia a utilidade do software, o grupo de colaboradores também aumentava, e, com mais colaboradores, a utilidade do software crescia. O grupo se expandiu para dezenas de pessoas, depois centenas e agora milhares; entretanto, nem todos se tornaram membros do grupo central. Em vez disso, viraram participantes periféricos cujos esforços individuais eram em geral menos significativos do que os dos fundadores, mas cujas contribuições agregadas foram de enorme importância para melhorar o Apache – milhões de pequenos acréscimos e correções se somando na contínua mudança para melhor – e para difundir seu uso. Para esse grupo de colaboradores, o Apache ofereceu o mesmo tipo de valor coordenante que uma piscina vazia ou um estúdio de pintura parisiense.

Mas, ao contrário de modelos antigos de círculos de colaboração, o Apache é global – o projeto assimilou contribuições de programadores de dezenas de países. Também é em grande medida virtual, contrabalançando encontros ocasionais entre os participantes com muito trabalho e conversa pela internet. E seu mecanismo de garantir que os participantes possam sempre acessar seu trabalho, a licença Apache, é uma pequena estrutura legal criada justamente para dar apoio a esse tipo de colaboração global e virtual. O projeto Apache demonstra que agora podemos criar esforços de grupo que operem em escala global, sem ter que assumir todos os custos normalmente associados a grupos tão grandes.

Quando queremos que aconteça algo cuja complexidade está além das capacidades de uma única pessoa, precisamos de um grupo. Existem várias maneiras de fazer grupos se responsabilizarem por atividades grandes ou complexas, mas, para tarefas de grande escala e sem prazo para terminar, há dois mecanismos primários. O primeiro é o setor privado, em que uma tarefa é feita quando o grupo responsável pode ser reunido e pago por menos do que seu resultado custará no mercado. (É o mundo empresarial; é como a maioria dos carros é feita.) O segundo é o setor público, em que o emprego vem com uma obrigação de trabalhar em equipe em tarefas de alto valor percebido, mesmo que elas não sejam compensadas no mercado. (É o mundo dos governos e das organizações sem fins lucrativos; é como a maioria das estradas é construída.) O debate político mais inflamado no século passado foi sobre a melhor maneira de equilibrar os valores em disputa desses dois modos. O resultado, após o colapso do comunismo como o exemplo máximo da opção pura pelo público e após o surgimento do estado de bem-estar social como contraponto à ideia de um mercado puro, foi uma convergência para um meio-termo, com diferentes misturas de criação pública e privada em lugares distintos.

Há, entretanto, um terceiro mecanismo para a produção em grupo, fora do eixo de organizações gerenciadas e do mercado. A produção social é a criação de valor por um grupo e para seus membros, sem usar o estabelecimento de preços nem a supervisão gerencial para coordenar os esforços dos participantes. (É o mundo dos amigos e da família; é como acontece a maioria dos piqueniques.) A produção social não foi incluída nos inflamados debates do século XX, porque as coisas que as pessoas podiam produzir para as outras usando seu tempo livre, trabalhando sem o mercado e sem gerentes, eram limitadas.

Duas coisas aconteceram para acabar com esse consenso. Primeiro, a economia comportamental aboliu a ideia de que os seres humanos sempre determinam valor de forma racional, que é a forma como agem os mercados competitivos. De fato, não somos racionais, e sim "previsivelmente irracionais" (para usar expressão do maravilhoso livro que Dan Ariely lançou em 2008 sobre economia comportamental),[16] e os mercados acabam sendo um caso especial, funcionando apenas sob condições firmemente controladas. Assim como no Jogo do Ultimato, o comportamento humano padrão se baseia na sensibilidade mútua dos participantes, mesmo quando há dinheiro em disputa. O segundo acontecimento foi o surgimento de um meio que torna a coordenação de grupos barata e ampla ter superado muitos dos antigos limites à produção social.

Esse é o mecanismo de produção que o professor de direito de Harvard Yochai Benkler chamou de "produção entre iguais baseada em propriedades comuns",[17] ou seja, trabalho que é coletivamente apropriado ou acessado por seus participantes, e criado por pessoas que operam como iguais, sem uma hierarquia gerencial. A inclusão de milhões de novos participantes no nosso ambiente de mídia expandiu drasticamente a escala e o escopo dessa produção. Enquanto mercados e gerentes públicos foram os mecanismos predominantes para a criação em larga escala, agora podemos agregar a produção social como uma forma de assumir essas tarefas, dedicando nosso tempo livre a trabalhos que consideramos interessantes, importantes ou urgentes, utilizando a mídia, que agora provê oportunidades para esse tipo de produção. Essa ampliação de nossa capacidade de criar coisas juntos, de doar nosso tempo livre e nossos talentos particulares a algo útil, é uma das novas grandes oportunidades atuais, e que muda o comportamento daqueles que dela tiram proveito.

Geração X, Y, Z

A cegueira induzida pelas teorias a respeito da motivação humana pode nos impedir de reexaminar as crenças em relação às razões do comportamento das pessoas. Pudemos ver como as crenças mais comuns atrapalharam o entendimento de novos comportamentos logo no começo da década passada, com o aparecimento e o rápido crescimento de um software de compartilhamento de músicas chamado Napster.

Inventado em 1999 por Shawn Fanning, um aluno de ciências da computação de Boston de dezenove anos, o Napster permitia que as pessoas compartilhassem músicas umas com as outras. Seu mecanismo era simples: os usuários podiam compartilhar uma lista das músicas que tivessem em seus computadores (desde que as músicas tivessem sido salvas em formato MP3).[18] Essa lista era combinada com as listas de outros usuários do programa, criando uma lista-mãe de todas as músicas mantidas por usuários do Napster em todo o mundo. Assim, se você achasse que precisava ter uma cópia de "Ice Ice Baby", do Vanilla Ice, o Napster podia informar que outros usuários a tinham. Com essa informação, você podia conseguir uma cópia diretamente do computador do outro usuário.

Funcionava como uma espécie de Páginas Amarelas da música. Assim como você pode abrir um catálogo telefônico para achar um encanador, telefonar para ele e marcar um serviço, as pessoas podiam consultar a lista-mãe do Napster a fim de achar determinada música e copiá-la diretamente dos computadores dos outros usuários. Os usuários podiam fazer tudo isso gratuitamente, porque fazer uma cópia perfeita de uma música (ou de qualquer coisa que esteja armazenada num computador) é uma decorrência natural quando se tem um computador.

O Napster conseguiu dezenas de milhões de usuários em menos de dois anos, tornando-se o software de mais rápido crescimento de sua época.[19] Seu estrondoso sucesso certamente dizia alguma coisa a respeito da cultura, e duas interpretações conflitantes avançaram pela década de 2000. A primeira era de que as pessoas jovens haviam se tornado todas moralmente corruptas, e queriam escarnecer das sagradas convenções da propriedade intelectual. A segunda era de que os jovens estavam tão imbuídos do espírito de compartilhamento que ficavam felizes ao participar da oportunidade pública oferecida pelo Napster. A primeira interpretação tentava explicar por que os jovens estavam tão ansiosos para pegar, a outra tentava dizer por que estavam tão ansiosos para dar. Ambas não tinham a menor possibilidade de estar certas. De fato, nenhuma delas estava.

Uma das noções mais frágeis em todo o cânone da cultura pop é a da diferença geracional inata, a ideia de que as pessoas que hoje estão na casa dos trinta são membros de uma classe chamada Geração X, enquanto quem está na casa dos vinte é parte da Geração Y, e de que ambos se diferenciam de forma inata entre si e também de quem fará parte da nova explosão de natalidade. O apelo conceitual desses rótulos é enorme, mas o valor explicativo da ideia é quase nulo, uma espécie de astrologia para décadas em vez de meses.

As gerações se diferenciam, sim, mas menos porque as pessoas se diferenciam e mais porque as oportunidades são outras. A natureza humana muda devagar, mas inclui um inacreditável leque de mecanismos para que nos adaptemos aos ambientes. Jovens nascidos nas décadas posteriores ao fim do *baby boom* foram rotulados de Geração X, e começaram a fazer parte da força de trabalho em números reais no final da década de 1980. Eram considerados preguiçosos – "que faziam corpo mole", na gíria da época – que não mostravam a ética profissional de seus antecessores. (Como alguém que nasceu no finalzinho do *baby boom*, eu adorava esse raciocínio.) Os comentaristas ficavam desesperados com os preguiçosos em nosso meio, uma evidência adicional de que a sociedade caminhava a passos largos para o inferno. (Lembra-se das Leis do Gim?)

Então, no começo da década de 1990, algo estranho aconteceu: os integrantes da Geração X começaram a fundar empresas, juntar-se em iniciativas e trabalhar avidamente em busca de novas oportunidades. Eles não eram nem um pouco preguiçosos – eram empreendedores! Como podíamos tê-los julgado tão mal?

Simples: não levamos em consideração o ambiente em que os que tinham vinte e poucos anos viviam. A quebra do mercado de 1987 foi seguida por um desempenho instável da economia dos Estados Unidos, que, no começo dos anos 90, mergulhou numa recessão geral. Numa recessão, aceitar um emprego ruim e economizar saindo com os amigos e bebendo cerveja barata são respostas perfeitamente razoáveis. Talvez aquela geração quisesse ser ambiciosa mesmo nas profundezas da recessão, mas as pessoas não se comportam de modos que não lhes foram possibilitados pelas oportunidades. Assim que a recessão acabou, o panorama de oportunidades mudou drasticamente: tornou-se mais fácil achar um emprego bem-remunerado, começar uma empresa, juntar-se a uma iniciativa, todas as atividades nas quais os preguiçosos mergulharam com gosto.

Quando entraram na fase adulta, os integrantes da Geração X estavam ingressando numa economia que não estimulava as ambições, e se comportaram de acordo. Então, de repente, a economia começou a recompensar a ambição, e os supostos atributos psicológicos típicos daqueles jovens simplesmente desapareceram, sendo substituídos por um conjunto de características quase opostas. Pode-se pensar que essa transformação derrubaria a crença das pessoas nesse tipo de generalização, mas o desejo de atribuir ao comportamento humano características inatas em vez do contexto local é profundo. É tão profundo, na verdade, que os psicólogos têm um nome para ele: o erro de atribuição fundamental. O erro de atribuição fundamental acontece quando explicamos nosso próprio comportamento em função das nossas limitações ("Não parei para ajudar o motorista que perdeu a direção porque eu estava atrasado"), mas, quando é com os outros, atribuímos esse mesmo comportamento ao caráter ("Ele não parou para ajudar o motorista que perdeu a direção porque é egoísta"). De forma semelhante, incorremos no erro de atribuição fundamental quando pensamos que as pessoas da Geração X não trabalhavam arduamente porque eram preguiçosas.

Teorias de diferença de geração fazem sentido quando são formuladas como teorias de diferença ambiental, e não de diferença psicológica. As pessoas, e em especial os jovens, responderão a incentivos porque têm muito a ganhar e pouco a perder com a experimentação. Para entender por que as pessoas gastam tanto tempo e energia explorando novas formas de conexão, você deve superar o erro de atribuição fundamental e estender às outras pessoas as explicações que usa para descrever seu próprio comportamento: você responde a novas oportunidades, e é isso que todo mundo faz, e essas mudanças se alimentam umas das outras, ampliando alguns tipos de comportamento e esvaziando outros. As pessoas da minha geração e mais velhas frequentemente desaprovam a atitude dos jovens de expor tanto sua vida pessoal em redes sociais como o Facebook, contrapondo esse comportamento à nossa qualidade relativa nesse assunto: "Seus exibicionistas! Nós não nos comportávamos assim quando éramos da sua idade!" Essa comparação ignora convenientemente o fato de que não nos comportávamos assim porque ninguém nos deu a oportunidade (e, pelo que me lembro dos meus vinte anos, acho que teríamos nos comportado dessa maneira com entusiasmo, se tivéssemos tido a chance).

As explicações geracionais para o sucesso do Napster caem por terra devido ao erro de atribuição fundamental. A indústria fonográfica cometeu esse erro ao se convencer de que os jovens queriam compartilhar porque sua geração era moralmente inferior (um argumento com óbvio apelo conceitual aos mais velhos). A tese jamais fez sentido. Se os jovens tivessem se tornado genericamente trambiqueiros, seria de esperar vermos um aumento não só no compartilhamento de música, mas também em furtos e outras formas de roubo. Em vez disso, a indústria fonográfica se lamentava da crescente criminalidade entre a juventude num período caracterizado por uma redução do crime em quase todo o mundo industrializado. Até mesmo os crimes contra a propriedade estavam diminuindo. Parecia que uma juventude cada vez mais honesta estava se engajando numa forma especial de criminalidade, que só se aplicava a dados digitais, devido a suas características únicas.

Antes do advento do compartilhamento de arquivos, você podia dar um CD a um amigo, mas, a partir daquele momento, ele o possuía e você não. Era o caso para música gravada e, na verdade, para qualquer objeto físico. Compartilhar um livro, uma revista ou um par de sapatos é o que os economistas chamam de compartilhamento "rivalizado"; se eu tenho a minha cópia de *To The Extreme*, do Vanilla Ice, você não tem, e se você tem, eu não tenho. Uma música no seu computador, no entanto, é diferente, porque com música digital eu posso lhe dar uma cópia enquanto mantenho a minha. Eu posso tranquilamente me recusar a emprestar meu CD do Vanilla Ice se ainda quiser ouvi-lo, mas recusar a você a cópia das músicas dele no meu computador seria diferente, já que a cópia não me custa nada e não me causa inconveniência alguma. É como a famosa frase de Thomas Jefferson: "Aquele que recebe minhas ideias recebe instrução sem que eu me desfaça da minha, como aquele que acende sua vela com a chama da minha recebe a luz sem me deixar na escuridão."[20] O Napster, como todas as formas de compartilhamento de dados, tirou proveito do fato de que a música agora podia ser dividida como os pensamentos, e não como um objeto.

As pessoas que apontaram o Napster como a evidência de uma geração comunitária também cometeram o erro de atribuição fundamental, interpretando um novo comportamento como uma mudança na natureza humana, e não como consequência de uma nova oportunidade. Os jovens que usavam o Napster não eram inatamente comunitários; eles simplesmente queriam música de graça. Sem esse desejo, o Napster teria fracassado.

A decisão de não tornar melhor a vida de alguém, quando fazer isso não lhe custaria nada, ou muito pouco, tem um nome: mesquinharia. A indústria da música, a fim de preservar seus lucros, queria (e ainda quer) que todos nós fôssemos voluntariamente mesquinhos com nossos amigos. Fanning desenvolveu um sistema que moldou o comportamento coletivo dos usuários distante da mesquinharia e na direção do compartilhamento; e, como todos os aplicativos que se baseiam na participação coletiva de usuários, o Napster oferecia os meios para compartilhar, mas apenas os usuários podiam criar o valor real uns para os outros. Como o visionário Kevin Kelly escreveu em seu ensaio "Triumph of the Default", engenheiros podem influenciar o comportamento dos usuários de seus produtos:

> Portanto, o privilégio de estabelecer a medida-padrão de valor é um ato de poder e influência. As medidas-padrão são uma ferramenta não apenas para que indivíduos lidem com escolhas, mas para que desenvolvedores de sistemas – aqueles que definem os padrões – orientem o sistema. A arquitetura dessas escolhas pode moldar profundamente a cultura de uso de determinado sistema.[21]

A conclusão de Kelly de que as medidas-padrão permitem que o desenvolvedor oriente o sistema é crucial. Os padrões não dirigem o sistema, porque não criam as motivações para usá-lo. Eles apenas orientam as motivações para determinados resultados, desde que os usuários estejam interessados. Fanning concebeu o Napster de modo que o comportamento-padrão fosse o compartilhamento público. Duas coisas foram necessárias para que ele conseguisse isso. A primeira era um meio que tornasse o compartilhamento espantosamente barato, e a segunda era um sistema de padrões que encorajasse o compartilhamento.

O Napster se consolidou entre os jovens não porque eles tivessem a mente mais criminosa do que os mais velhos, e tampouco porque estivessem imbuídos de um espírito maior de compartilhamento. O programa se difundiu por três razões muito mais simples: (1) o dado digital é perfeita e infinitamente copiável a custo marginal zero; (2) as pessoas vão compartilhar se o compartilhamento for simples o bastante, e nessas condições nós normalmente não somos mesquinhos; e (3) Shawn Fanning criou um sistema para conectar as ações (1) e (2) com os incentivos certos. É isso. Isso foi o que virou a indústria fonográfica de cabeça para baixo. Tanto que o modelo original do Napster foi destruído quando os processos judiciais da indústria fonográfica aumentaram o custo de conectar o (1) e o (2) para um número significativo de pessoas.

Se a explicação parece chata, bem, ela é chata, sobretudo quando comparada às histórias (pode escolher) sobre como a sociedade está indo para o inferno a passos largos ou entrando num período de maior consciência. O advento do compartilhamento de música não é uma calamidade social fruto de uma malandragem generalizada, nem é a aurora de uma nova era da bondade humana. É apenas a junção de novas oportunidades a motivações antigas por meio dos incentivos corretos. Quando se entende isso, é possível mudar a forma de interação das pessoas de maneira fundamental, e se pode moldar o comportamento delas com coisas simples, como compartilhar música, e até com coisas tão complexas quanto o engajamento cívico.

Espirais colaborativas

Em Lahore, no Paquistão, a jornalista Sabrina Tavernise, do *New York Times*, acompanhou um trio de jovens rapazes que se cansara da política separatista de seu país e de seu governo fraco, incapaz de prover até mesmo serviços básicos. Inspirados por advogados paquistaneses que no começo da década haviam ido às ruas protestar contra a interferência do governo na Suprema Corte do país, os três rapazes, Murtaza Kumail Khwaja, Saif Hameed e Omar Rasheed, decidiram mobilizar as pessoas a catar o lixo das ruas.[22] Lixo é uma externalidade negativa clássica, um subproduto ruim das ações de alguém. Alguém que joga lixo no chão da rua fica feliz por se livrar dele; o efeito negativo disso, entretanto, é cumulativo, e impacta sobretudo as outras pessoas. Externalidades negativas requerem ação coletiva para serem revertidas. Algumas vezes esse tipo de ação é financiado por impostos, outras vezes pelo suor das próprias mãos.

O problema com o modelo das próprias mãos é que o custo de coordenar amigos e vizinhos é muitas vezes alto a ponto de se tornar um grande obstáculo. Intitulando-se Cidadãos Responsáveis, os jovens de Lahore resolveram esse problema usando o Facebook para recrutar seus amigos, já que o site diminui o custo de coordenação social entre seus usuários. Assim que tiveram pessoas recrutadas em número suficiente, começaram a ir às ruas todos os domingos para juntar o lixo de uma feira em Anarkali. Os passantes e mercadores limitaram-se primeiro a observá-los, mas, com o retorno frequente dos Cidadãos Responsáveis, alguns dos locais começaram a se unir a eles. A nova força de trabalho permitiu que o grupo entendesse sua atividade a outras feiras da cidade. Os sociólogos classificam esse tipo de comportamento como desvio positivo. Qualquer comunidade tem membros que se desviam das normas sociais de maneiras negativas, adotando um comportamento antissocial ou até criminoso, mesmo quando têm oportunidades e recursos similares aos do restante dos membros. Os que se desviam positivamente são aqueles que se comportam melhor do que a norma, mesmo quando confrontados com limitações e desafios semelhantes.

Khwaja, Hameed, Rasheed e seus voluntários desviavam-se positivamente da norma de passividade cívica de Lahore. O efeito imediato de suas ações foi reduzir a quantidade de lixo em algumas feiras, mas seu valor de longo prazo não reside nesse fato, e sim em seu exemplo. Como eles mesmos disseram no manifesto dos Cidadãos Responsáveis: "Desejamos criar, em todos, o espírito de comunidade." Estavam tentando tornar a ação cívica contagiosa.

A ideia é menos maluca do que parece. Em 1973, Mark Granovetter apresentou um artigo decisivo intitulado "The Strength of Weak Ties",[23] no qual demonstrava que as pessoas tentam arranjar emprego mais por intermédio de conhecidos do que de familiares e amigos próximos. Dali em diante, cada vez mais pesquisas mostraram a importância das redes sociais para o nosso bem-estar. Nicholas Christakis e James Fowler, pesquisadores da Faculdade de Medicina de Harvard, mostraram que as redes sociais disseminam todo tipo de comportamento:[24] é mais provável que sejamos obesos se nossos amigos forem obesos, que nos exercitemos se eles se exercitarem e até que sejamos felizes se eles forem felizes. Mais impressionante, somos mais suscetíveis às características de membros habituais de nossas redes sociais do que às de nossos conhecidos mais próximos. Quanto mais os amigos dos nossos amigos estiverem felizes, é mais provável que estejamos felizes, e até mesmo se os amigos dos amigos dos nossos amigos estiverem felizes. Hábitos e características se disseminam por redes sociais em até três graus de separação, e, apesar de esses traços não serem contagiosos como vírus, são contagiosos no sentido de que se espalham por contato social.

Vistos sob esse aspecto, os Cidadãos Responsáveis não estão simplesmente recolhendo lixo – estão tentando demonstrar um engajamento cívico positivo às pessoas que conhecem, e às pessoas que essas pessoas conhecem, e àquelas que estas últimas pessoas conhecem. É muito cedo para avaliar o efeito de longo prazo dos Cidadãos Responsáveis, mas sem o contágio social sua tarefa não teria chance alguma. Com ele, seu trabalho pode ajudar a criar uma mudança social, mesmo entre estranhos. Nós criamos oportunidades uns para os outros, seja para a passividade ou para a atividade, e sempre foi assim. A diferença hoje é que a internet é uma máquina de oportunidades, um meio para pequenos grupos criarem novas oportunidades, a baixo custo e com menos obstáculos do que nunca, e com a possibilidade de anunciar essas oportunidades ao maior número de potenciais participantes da história.

As crenças do século XX a respeito de quem podia produzir e consumir mensagens públicas, de quem podia e como podia coordenar ações de grupo e da ligação inerente e fundamental entre motivações intrínsecas e ações privadas revelaram-se, todas elas, nada mais do que casualidades de longo prazo. Essas casualidades vêm sendo desfeitas por novas oportunidades, criadas por nós, uns para os outros, usando possibilidades que nos são proporcionadas pelas novas ferramentas. A força orientadora por trás dos Cidadãos Responsáveis (e também do servidor Apache e do site Grobanites for Charity) é a capacidade de grupos esparsamente coordenados com uma cultura compartilhada de realizar tarefas com maior eficácia do que como indivíduos, mais efetivamente do que os mercados e suas tabelas de preços, e mais efetivamente do que os governos e sua direção gerencial.

A produção social não é uma panaceia; é apenas uma alternativa. Embora nos seja mais proveitoso usá-la quando ela tem valor, ela traz consigo seus próprios desafios, assim como as produções através de empresas ou de governos. Mesmo o mais simples esforço grupal ou participação voluntária pode ser marcado por tensões entre os indivíduos participantes, e entre esses indivíduos e o restante do grupo. Como muitos aspectos da vida social, esse problema não tem solução; o dilema pode ser contornado apenas por meio de várias concessões, nenhuma delas inteiramente satisfatória. Uma maneira de ajudar um grupo a aumentar sua capacidade de funcionar junto é a criação e manutenção de uma cultura compartilhada.

5. Cultura

Em janeiro de 2005, um artigo incomum chamado "A Fine Is a Price" ("Uma multa é um preço") apareceu no *Journal of Legal Studies*.[1] Escrito por Uri Gneezy e Aldo Rustichini, tratava de psicologia, embora tivesse sido publicado num periódico de estudos legais; era curto, numa área acostumada a calhamaços; usava linguagem simples (e bastante vívida); e atacava um bastião da teoria legal, o de que a repressão é uma forma simples e segura de afetar o comportamento das pessoas.

Gneezy e Rustichini descreveram a tradicional teoria da repressão da seguinte forma: "Quando consequências negativas forem impostas a um comportamento, produzirão uma redução daquela resposta particular. Quando tais consequências negativas forem removidas, o comportamento que foi interrompido tenderá, normalmente, a reaparecer." A teoria é simples, objetiva e razoável, mas, como os pesquisadores perceberam, carecia muito de testes. Eles se mobilizaram para corrigir isso em 1998, trabalhando com creches na cidade israelense de Haifa, como experiência.

Creches são creches em qualquer lugar; pais que trabalham precisam de alguém para cuidar dos filhos durante o dia. Às vezes, as creches são um serviço público, outras vezes particulares, mas, em qualquer um dos casos, os pais e os funcionários do estabelecimento têm um conflito de interesses potencialmente diário: a duração do trabalho. Os funcionários têm suas próprias vidas, então eles querem que todas as crianças estejam de novo com os pais, em segurança, num determinado horário. Os pais, por outro lado, ocupados no trabalho ou com alguma atividade em curso e nunca com total controle sobre o tempo que vão levar para chegar, querem alguma tolerância para pegar seus filhos um pouco mais tarde do que a hora marcada.

As dez creches pesquisadas em Haifa funcionavam até as quatro da tarde, embora não houvesse nenhuma punição para os pais que pegassem seus filhos depois disso. Gneezy e Rustichini observaram o horário de fechamento dessas creches para saber com que frequência os pais se atrasavam; em uma semana normal, havia sete ou oito atrasos em cada creche. Então eles instituíram penalidades em seis dos dez lugares: anunciaram que dali em diante os pais seria multados por pegar seus filhos com atraso de mais de dez minutos, e a multa seria automaticamente acrescida à mensalidade. (As outras quatro creches, o grupo de controle, continuaram a funcionar sem alterações, de modo a assegurar que quaisquer efeitos observados nas seis selecionadas seriam devidos à multa.)

A nova regra foi imposta na semana seguinte, e seu efeito no comportamento dos pais foi imediato: o atraso *aumentou*. Na primeira semana, o número médio de atrasos subiu para onze, depois para quatorze na semana seguinte, e para dezessete na semana subsequente. Os episódios de atraso ao final de um mês chegaram à média de vinte por semana – quase o triplo do que havia antes da multa. Depois, pelo tempo em que houve a aplicação da multa, o número variava, mas nunca era menor do que quatorze e ficava em geral perto dos vinte atrasos semanais. Enquanto isso, o número de atrasos nas outras quatro creches não se alterou.

Do ponto de vista da teoria da repressão, o resultado era perverso. A multa era pequena, de apenas dez shekels (cerca de três dólares), mas deveria ainda assim ter tido algum efeito repressivo; por pior que fosse o atraso na creche antes da multa, deveria ter ficado dez shekels pior depois dela. E mesmo que a multa fosse baixa demais para ter um efeito de repressão, não deveria ter aumentado o número de atrasos. E, ainda assim, foi o que aconteceu.

A barganha pré-multa entre os pais e os professores era o que Gneezy e Rustichini chamavam de "contrato incompleto" – um conjunto de relações que acontecia em parte sob regras de mercado, mas que deixava um espaço considerável para a interpretação de certas normas de comportamento, incluindo-se aí o horário de pegar as crianças. Como eles disseram em seu artigo, "os pais podiam criar uma crença sobre o assunto, como provavelmente faziam, e então agiam de acordo com ela". Quando a multa foi estabelecida, a ambiguidade desmoronou, e junto com ela a norma comportamental que tinha sido estabelecida. A multa transformou o cuidado diário das crianças, que era uma empresa compartilhada, em uma simples transação comercial, e permitiu aos pais ver o tempo dos funcionários como um produto, e um produto barato. Eles consideraram que a multa representava o preço total da inconveniência que eles causavam, e que ela parecia acabar com qualquer medo de consequências desconhecidas em virtude do abuso da boa vontade dos funcionários.

Gneezy e Rustichini mantiveram as multas por três meses, e então as suspenderam. Quando foram canceladas, porém, o número semanal de atrasos não voltou ao nível pré-multa; na verdade, manteve-se tão alto quanto na época em que a multa vigorava. Induzir os pais a ver os funcionários de creche como participantes de uma transação de mercado, em vez de como pessoas cujas necessidades tinham que ser respeitadas, alterou sua percepção sobre os funcionários, e isso sobreviveu ao fim da própria multa. Uma multa alta o bastante para conter o atraso poderia ser imposta, mas o experimento mostrou que as relações de mercado não são simples acréscimos a outras motivações humanas; elas as alteram por sua simples presença.

Se essa descoberta soa familiar, é porque se assemelha ao que Edward Deci percebeu em 1970, em seu estudo sobre o quebra-cabeça Soma: ambas as experiências demonstraram que colocar um preço em alguma coisa previamente fora da lógica de mercado pode modificá-la fundamentalmente. Para confirmar isso, Deci ofereceu um preço positivo (um pagamento), enquanto Gneezy e Rustichini instituíram um preço negativo (uma multa). Mas, como observaram Gneezy e Rustichini, uma multa é um preço. A diferença mais importante entre o experimento do Soma e o das creches é que no último o objeto não era um quebra-cabeça de madeira; eram pessoas de carne e osso – os funcionários. "A Fine is a Price" mostra que lidar uns com os outros num mercado pode alterar fundamentalmente nossas relações interpessoais.

O trabalho de Deci concentrava-se nas motivações pessoais de autonomia e competência, demonstrando que lhes atribuir um preço as reduzia como motivadores. Gneezy e Rustichini focaram nas motivações sociais, demonstrando que colocar um preço em uma relação antes não mercadológica pode reduzir nossa disposição de nos tratarmos como pessoas com quem poderíamos ter relações duradouras. (Isso ecoa a antiga observação sobre a prostituição: os homens não pagam somente pelo sexo, também pagam para que a mulher vá embora depois do sexo.) A introdução da multa não foi apenas pessoal, afetando individualmente o comportamento dos pais. Foi também social, introduzindo um novo sistema de relações entre os pais e os funcionários. A cultura não é apenas um aglomerado de comportamentos individuais; é um conjunto de normas e comportamentos aceitos coletivamente num grupo. No caso das creches, introduzir as multas anulou a cultura anterior ao alterar a maneira como os pais viam os funcionários, e essa cultura permaneceu nula mesmo depois de removida a multa.

O modo como nos tratamos importa, e não só porque "é legal ser legal": nosso comportamento contribui para um ambiente que encoraja algumas oportunidades e dificulta outras. Na cultura das creches de Haifa, uma simples mudança teve grande efeito. No antigo "contrato incompleto", os pais e os funcionários haviam negociado uma barganha informal, mas aceitável. Quando a cultura veio a incluir uma multa explícita, os pais puderam ver os funcionários como meios para um fim, em vez de vê-los como parceiros com quem havia um misto de laços comerciais e sociais.

O comportamento das pessoas diante das outras não é inteiramente descrito pelo mercado, porque as relações comerciais cobrem apenas uma pequena parte do repertório do comportamento humano. Aconteceu comigo um exemplo disso alguns anos atrás no aeroporto de São Francisco. Eu havia telefonado para a companhia aérea a fim de mudar a data da minha volta e havia sido avisado sobre um pagamento extra de 25 dólares a ser feito no check-in do aeroporto.

Quando cheguei ao balcão no dia do voo, pedi à agente minha nova passagem e acrescentei: "Ah, e tem uma taxa de 25 dólares", já abrindo a carteira. "Não", ela respondeu, "você precisa pagar uma multa." Pensando que eu estava prestes a ser cobrado além do que eu já sabia, argumentei:

"Me disseram que eu tinha que pagar só 25 dólares para mudar a passagem."

"Os 25 dólares são uma multa", ela esclareceu.

Nesse ponto eu percebi o que estava acontecendo. Nós concordávamos que eu devia 25 dólares à companhia, mas na minha mente aquilo era uma taxa razoável. Na cabeça da moça, era uma punição por eu ter mudado a data da passagem. Mais do que isso, ela claramente não estava disposta a me dar a passagem enquanto eu não reconhecesse isso. Considerando que eu tinha um avião para pegar, meu desejo de discutir o assunto evaporou, dei-lhe o que de uma hora para outra se transformara numa multa de 25 dólares e peguei o voo para casa.

Aquela agente estava na mesma posição dos funcionários da creche de Haifa; era parte de uma relação comercial que eu via como desprovida de humanidade, e isso a chateou. Mas, ao contrário dos funcionários das creches, ela insistiu no componente emocional da transação antes que ela se completasse. Relações de mercado são um tipo de norma cultural que podem formar trocas entre os seres humanos, mas muitas outras são possíveis também. Elinor Ostrom, o economista cujo trabalho sobre recursos públicos apareceu no último capítulo, observa que a maior parte da economia do século XX admitia erroneamente que as relações de mercado são um modelo ideal e mesmo natural para as interações humanas. Mas alguns tipos de valor não podem ser criados por mercados, somente por um conjunto de conceitos compartilhados e mutuamente coordenados, ou seja, por uma cultura.

A cultura como ferramenta de coordenação

Em 1645, um grupo de pessoas que vivia em Londres decidiu que se recusaria a acreditar em coisas que não fossem verdades demonstráveis. Isso é difícil; nós, humanos, nunca fomos muito bons em sujeitar nossas próprias crenças a esse tipo de escrutínio que possa provar que elas são falsas. Porém, nós temos uma habilidade relacionada; somos muito bons em submeter crenças de terceiros ao mesmo escrutínio, e essa assimetria deu àquele grupo uma abertura. Eles se comprometeram a adquirir conhecimento através de meios experimentais e a sujeitar as descobertas uns dos outros àquela categoria de escrutínio necessária para remover todo possível erro. Esse grupo, que incluía os "filósofos naturais" (cientistas) Robert Boyle e Robert Hooke e o arquiteto Christopher Wren, foi chamado nas correspondências de Boyle de "nossa universidade filosófica" ou "nossa Universidade Invisível".[2]

A Universidade Invisível era invisível em relação a Oxford e Cambridge, porque os integrantes não tinham uma localização permanente; o grupo mantinha-se unido por meio de cartas e encontros em Londres, e mais tarde em Oxford. Tratava-se de uma universidade porque suas relações eram universitárias – eles agiam com um sentimento de interesse e respeito pelo trabalho uns dos outros. Em seus debates, eles definiam suas pesquisas de acordo com regras de clareza e transparência estabelecidas. Robert Boyle, membro do grupo e algumas vezes considerado o pai da química moderna, ajudou a estabelecer muitas das normas-chave do método científico, sobretudo em relação ao modo como as experiências seriam feitas. (O lema do grupo era *Nullis in Verba* – "Não crer em coisa alguma por meras palavras.") Quando um deles anunciava o resultado de uma experiência, os demais queriam saber não só qual tinha sido o resultado, mas também como a experiência havia sido conduzida, de tal forma que as hipóteses pudessem ser testadas em outros lugares. Os filósofos da ciência chamam essa condição de falsificabilidade. Hipóteses carentes de falsificabilidade eram descartadas com grande ceticismo.

Em alguns anos, vários membros da Universidade Invisível haviam produzido avanços em química, biologia, astronomia e ótica, e haviam desenvolvido ou melhorado diversas ferramentas-chave de experimentação, como as bombas pneumáticas, microscópios e telescópios. Sua insistência na clareza de método fazia com que seu trabalho fosse tanto colaborativo quanto competitivo, e novos métodos e ideias logo se tornavam insumo para novos trabalhos.

Grande parte do trabalho prático dos membros envolvia a química. Eles eram fortes críticos dos alquimistas, que eram seus ancestrais intelectuais, mas que por séculos a fio haviam feito apenas progressos irregulares. Em contraste, a Universidade Invisível pôs a química em bases razoáveis em algumas décadas, sendo uma das mais importantes transições intelectuais da história da ciência. O que a Universidade Invisível tinha que os alquimistas não tinham? Não eram suas ferramentas; tanto químicos quanto alquimistas começaram com tubos de ensaio, caldeirões e balanças. Não foram os insights – ninguém sozinho fez a química avançar de repente, como Newton fez com a física. Os integrantes da Universidade Invisível tinham uma grande vantagem sobre os alquimistas: eles tinham uns aos outros.

O problema com a alquimia não foi o fato de os alquimistas terem fracassado em transformar chumbo em ouro – ninguém poderia fazer isso. O problema foi que eles fracassaram em termos de informação. Como grupo, eles eram notavelmente reclusos; normalmente trabalhavam sozinhos, guardavam segredo sobre seus métodos e resultados, e raramento registravam suas ideias ou seus sucessos em algo que atualmente seja reconhecido como documentação, muito menos evidências. Os métodos alquímicos eram escondidos em vez de compartilhados, passados de mestre para aprendiz, e, quando os alquimistas descreviam suas experiências, eram descrições incompletas e vagas. O próprio Boyle se queixou das publicações dos alquimistas: "Livros Herméticos têm tamanhas Obscuridades envolvidas que podem ser comparados com justiça a Charadas escritas em Criptograma. Pois ao que o Homem vence a dificuldade de decifrar as Palavras e Termos, depara com nova e maior dificuldade que é descobrir o significado daquela aparentemente simples Expressão."[3]

Isso dificilmente seria uma receita de sucesso; e, para piorar, duas pessoas trabalhando com descrições alquímicas não poderiam sequer ter certeza de que fracassariam da mesma maneira. Como resultado, as conclusões alquímicas acumulavam-se devagar, sem o desenvolvimento permanente de uma utilidade. Sem métodos transparentes e sem uma maneira formal de descartar os erros, crenças equivocadas podiam ser preservadas para as gerações futuras, tanto quanto as corretas. Os membros da Universidade Invisível, ao contrário, descreviam seus métodos, postulados e resultados uns aos outros, de forma que todos pudessem se beneficiar dos sucessos e fracassos. A Universidade Invisível se tornou tão importante para a ciência britânica que seus membros formaram o núcleo da Royal Society, uma organização muito menos invisível fundada em 1662 e que está ativa até os dias atuais.

A cultura – e não ferramentas ou ideias – animava a Universidade Invisível e transformou a alquimia em química. Os membros acumulavam fatos mais depressa, e eram capazes de combinar os fatos existentes em novos experimentos e novas descobertas. Ao insistir em precisão e transparência, e ao compartilhar seus postulados e métodos de trabalho uns com os outros, eles tinham acesso ao conhecimento coletivo do grupo e constituíram um círculo colaborativo. Suas normas culturais transformaram a lenta acumulação de crenças pessoais e idiossincráticas dos alquimistas num conjunto de métodos e resultados que podiam ser observados, entendidos e recombinados por qualquer participante cientificamente alfabetizado.

A combinabilidade faz com que saber algo seja diferente de ter algo. Se você tem um graveto e alguém lhe dá outro, você tem dois gravetos. É melhor do que ter um só, mas ainda não é muito. Se, por outro lado, você detém o conhecimento de que atritando os dois gravetos de determinada maneira você faz fogo, pode fazer alguma coisa de valor que antes não podia. Aumentar o número de coisas que você tem pode ser útil, mas aumentar sua quantidade de conhecimento pode ser transformador. Isso é o que torna tão importantes os meios pelos quais uma sociedade compartilha conhecimento, e é o que fez da Universidade Invisível uma evolução tão drástica em relação aos alquimistas. Mesmo trabalhando com as mesmas ferramentas, eles faziam isso com uma cultura de comunicação muito diferente e muito melhor.

A economia do compartilhamento

O conhecimento é a coisa mais combinável que nós, humanos, temos, mas tirar proveito disso requer condições especiais. Em seu livro *The Economics of Knowledge*, Dominique Foray, economista francês da École Polytechnique Fédérale, na Suíça, identifica tais condições como o tamanho da comunidade, o custo de compartilhar o conhecimento, a clareza sobre o que é compartilhado e as normas culturais de quem o recebe.[4]

A primeira condição, o tamanho da comunidade, é bastante intuitiva. O conhecimento, ao contrário da informação, é uma característica humana; pode haver informação que ninguém saiba, mas não pode haver conhecimento sem que alguém o saiba. Um pedacinho específico de conhecimento ganha vida apenas nas mentes capazes de compreendê-lo. A comunidade capaz de entender a letra de "Parabéns para Você" é muito maior do que aquela que consegue entender poesia sânscrita. (A alfabetização é crucial, porque aumenta o tamanho da comunidade que pode fazer uso de qualquer traço de conhecimento mínimo.) Quanto mais pessoas numa comunidade podem compreender um determinado fato, um método, uma história, mais provável é que tais pessoas sejam capazes de trabalhar juntas para fazer uso desses pedacinhos de conhecimento específicos.

A segunda condição que afeta a combinabilidade é o custo de compartilhar o conhecimento. Qualquer coisa que reduza o custo de transmitir conhecimento pode aumentar o grupo de conhecedores. Quando a imprensa baixou o custo de fazer e possuir livros, isso aumentou enormemente o número de pessoas que podiam ler qualquer livro, bem como o número de livros que um cidadão alfabetizado poderia ler em sua vida. A difusão do telégrafo levou as notícias internacionais para muitos jornais locais, fato que, aliás, gerou muita reclamação – um jornal local do estado de Michigan cancelou seu serviço de telégrafo porque tinha notícias globais demais e "nenhuma linha sobre o conflito no rio Muskegon" –, mas o baixo custo de saber coisas sobre o mundo inteiro afetou não apenas o que as pessoas sabiam, mas também seu comportamento. A primeira grande onda de globalização moderna foi conduzida em parte pela redução de custos no repasse da informação possibilitada pelo telégrafo. Hoje, a internet está reduzindo o custo de transmitir não só palavras, como também imagens, vídeo, voz, dados brutos e tudo mais que possa ser digitalizado, uma mudança nos custos equivalente à do telégrafo e da tipografia.

A terceira condição de Foray para a combinabilidade é a clareza do conhecimento compartilhado. Comunicamos instruções sobre como cozinhar sob a forma de receitas por uma razão: listando ingredientes e ordenando os passos, uma receita é mais clara do que uma descrição puramente narrativa de como fazer um prato qualquer. Uma descrição incoerente pode ter o mesmo conteúdo de informação de uma receita, mas a forma de uma receita é mais clara. Em consequência, uma vez que qualquer campo do progresso adquira algo como uma receita – um conjunto de instruções para uma atividade, separável da atividade em si –, isso pode ter uma circulação muito mais efetiva entre as pessoas que possam entendê-lo.

A difusão de algo claro como uma receita pode acelerar o compartilhamento de saber entre grupos que se debruçam sobre o mesmo problema, mas também pode tornar mais fácil que outros se beneficiem do conhecimento assim produzido, porque a expressão clara de uma ideia pode passar de pessoa para pessoa e de grupo para grupo com mais facilidade do que a mesma ideia expressada de modo que só os integrantes de um grupo específico vão entender. (Esse princípio corrobora a afirmação de Boyle a respeito das "Obscuridades envolvidas" nos livros alquímicos.) Eric von Hippel, o estudioso da inovação dirigida pelo usuário, citado no Capítulo 4, pesquisou uma comunidade de kitesurf chamada Zeroprestige, que desenhava pranchas usando softwares 3D.[5] Depois de produzir vários desenhos e colocá-los on-line, os integrantes foram contatados por um fabricante da China, que se ofereceu para transformar os desenhos em pranchas de kitesurf reais. Quando um fabricante sai em busca do talento do design, e não o contrário, a lógica da terceirização de trabalho anda no sentido oposto; isso foi possível apenas porque as descrições das pranchas, escritas em formato padrão para software 3D, eram bastante similares a receitas para que o fabricante as descobrisse on-line e as interpretasse sem ajuda.

Aumento do tamanho da comunidade, redução dos custos de compartilhamento e aumento da clareza são todos fatores que tornam o conhecimento mais combinável, e nos grupos em que essas características crescerem a combinabilidade também crescerá. Essas três condições são ampliadas por um meio que é global e barato, e que permite que um número ilimitado de cópias de informação seja difundido à vontade, mesmo entre grupos grandes e fisicamente dispersos. Nossas ferramentas tecnológicas para tornar a informação globalmente disponível e encontrável por amadores, a custo marginal zero, representam, assim, um enorme choque positivo para a combinabilidade do conhecimento.

Essas três condições – comunidade, custo e clareza – não são suficientes, como vimos pelo exemplo da Universidade Invisível. A quarta condição de Foray é a cultura, um conjunto de opiniões compartilhadas numa comunidade a respeito de como ela deve ser em relação a seu trabalho e como se portar nas relações mútuas entre seus membros. Para realmente tirar proveito da combinabilidade, em outras palavras, um grupo precisa fazer mais do que entender as coisas que são importantes para seus membros. Seus integrantes devem também entender uns aos outros, para compartilhar ou trabalhar juntos com qualidade. Etienne Wenger, um sociólogo independente, cunhou a expressão "comunidades de prática" para descrever pessoas que se juntam para compartilhar seu conhecimento a fim de melhorar seu desempenho naquilo que fazem.[6] Wenger diz que as comunidades de prática trocam e interpretam informação, ajudam seus membros a adquirir e manter competências em seu trabalho compartilhado, e, mais importante, fornecem abrigo à identidade dos praticantes. Uma comunidade de prática, em outras palavras, é mais uma forma de manter as normas culturais que sustentam a união da comunidade do que de preservar determinada área do conhecimento que aquele grupo detém. O conhecimento nessas comunidades muda com frequência, mas o comprometimento cultural com o trabalho deve permanecer por toda a vida do grupo.

Nossas novas ferramentas possibilitam uma oportunidade de criar novas culturas de compartilhamento, e apenas nessas culturas nossas capacidades de compartilhar terão o valor que podem ter. A comunidade de prática que criou o servidor Apache (ver Capítulo 4) opera de forma quase completamente transparente. Não apenas o código de computador é compartilhado pela comunidade, como também as próprias discussões e os debates sobre como melhorar o código. Projetos de software livre são, assim, o território não só de um objeto valioso – o software –, mas também de uma cultura valiosa: o modo como os participantes lidam uns com os outros e como decidem que mudanças no código são melhorias reais. Códigos de computador são difíceis de ler, e mesmo programadores especialistas têm dificuldade em dizer, só de olhar, se um determinado software vai funcionar bem ou mal. Mas na cultura Apache os projetos que progridem são identificáveis pelo modo como os criadores do código se comunicam entre si. Os projetos que causam um debate constante e apaixonado entre os programadores são em geral consistentes, enquanto os que geram poucas discussões são mais fracos. Um aforismo do código aberto diz que "uma boa comunidade com um código ruim faz um bom projeto". Se os membros da comunidade de um projeto de código aberto forem comprometidos com as melhorias, então eles se comprometerão com o trabalho árduo de identificar e executar essas melhorias. Além disso, um projeto que tenha bastante espaço para melhorias simples vai ser mais agregador para aquela comunidade, pelo menos no começo. Um projeto que tenha muitos erros vai repelir a comunidade mais do que agregá-la, mas, se em suas etapas de formação uma comunidade for capaz de detectar diversos lugares em que seu trabalho vai fazer a diferença, é mais provável que deslanche.

Antes dos anos 1990, não havia exemplo de software que se baseasse numa rede de voluntários distribuídos globalmente a fim de trabalhar num código que funcionasse. Essa inovação foi amplamente atribuída a Linus Torvalds, o pioneiro do Linux, que lançou uma convocação pública para colaboradores no projeto em 1991, por meio de um sistema de avisos mundial chamado Usenet. Desde aquele convite público original, a história do Linux tem sido tanto sobre como manter a comunidade unida e ativa quanto sobre questões puramente técnicas. O software livre funciona como explicado pela observação de Foray sobre cultura e combinabilidade: as normas dos participantes constituem um fator crucial para prever o sucesso ou o fracasso do trabalho. Tais normas são baseadas, em parte, na maneira como os membros do grupo entendem suas relações mútuas.

Professores universitários e cirurgiões de cérebro

Em 2007, Christopher Avenir era calouro de engenharia na Universidade Ryerson, em Toronto. Para alguém como ele, que nasceu na era digital e está ligado à universidade, a participação no ambiente de mídia é simplesmente um subproduto de viver no mundo desenvolvido. Quando ele tinha cinco anos, a internet era publicamente acessível. Quando tinha dez, ela se transformara num grande sucesso. Quando fez quinze, redes sociais como Friendster, MySpace e Facebook já haviam sido lançadas. E, antes dos vinte, ele foi para a faculdade.

Em seu primeiro semestre em Ryerson, Avenir se matriculou em um curso introdutório de química, e, como todos os alunos desde tempos imemoriais, descobriu que a matéria era muito difícil. Diante disso ele decidiu, novamente como alunos desde tempos imemoriais, juntar-se a um grupo de estudos. Até aqui, sua história é normal, mas como ele tem a idade que tem na época em que vive, o mundo lhe ofereceu uma nova oportunidade: grupos de estudo on-line. Avenir começou a participar de um grupo no Facebook chamado "Masmorras/Dominando Soluções em Química". (Masmorra é o apelido carinhoso dado pelos alunos de Ryerson à sala do campus na qual se reuniam os grupos de alunos do mundo real.) Avenir tornou-se administrador do grupo, responsável pelas requisições de participação, e 146 de seus colegas de turma se tornaram membros da comunidade.

Então, no final do período, Andrew McWilliams, seu professor, descobriu o grupo no Facebook e, embora não pudesse examinar os conteúdos (por não ser membro), denunciou Avenir à universidade.[7] A Universidade de Ryerson fez acusações contra Avenir, na verdade 147 acusações – uma por ser administrador do grupo no Facebook e uma referente a cada colega que aderiu. Isso era sério o suficiente para criar uma ameaça de expulsão da faculdade.

O caso Avenir *versus* Ryerson demonstra o conflito de duas visões profundamente arraigadas existentes numa universidade. A posição de Ryerson era simples: o uso do Facebook era errado porque o trabalho individual nunca poderia ser compartilhado. O decano de tecnologia James Norrie disse: "Nós somos tecnofóbicos aqui em Ryerson? Não, mas nosso código de má conduta acadêmica diz que se um trabalho deve ser feito individualmente e outros alunos colaboram, isso é fraude, seja pelo Facebook, por fax ou mimeógrafo."[8] Avenir começava de um ponto de partida diferente; para ele, um grupo de estudo no Facebook era somente uma extensão das instalações universitárias. Se um grupo de alunos se encontrava num lugar chamado Masmorra para fazer seu dever de casa de química, não deveria fazer diferença se esse lugar era no campus ou on-line. Avenir disse: "Se isso é fraude, então todos os programas de orientação estudantil da universidade também são."[9] Mesmo quando alunos são requisitados a trabalhar individualmente, eles aprendem um pouco sobre como fazer aquilo uns com os outros. Há uma distância entre passar instruções a um colega, para colaborar, e a trapaça descarada, mas, quando os alunos se reuniam na Masmorra, a universidade acreditava que eles entendiam e respeitavam os diferentes pontos desse espectro. Desse ponto de vista, tudo que o Facebook provia era um espaço mediado que cumpria o mesmo papel da Masmorra.

As diferentes interpretações do uso do Facebook parecem um simples conflito de crenças – "O Facebook é só um novo meio, como o mimeógrafo" *versus* "O Facebook é só uma extensão do mundo social existente". A solução seria escolher qual dos posicionamentos estava correto e implementar qualquer política que a Ryerson tivesse para o uso da mídia ou para conversas entre alunos. A dificuldade, entretanto, é que escolher entre esses dois posicionamentos produziria a escolha errada. O Facebook não é próximo o bastante de uma máquina de fax ou de um mimeógrafo para ser comparado às mídias antigas, porque ele é mais social do que elas, e também porque seus participantes se comunicam em grupos. (Um papel mimeografado não faz nada no sentido de permitir que seus leitores conversem.)

Tampouco o Facebook é o substituto de um grupo de estudos em uma das salas de Ryerson. Em primeiro lugar, os grupos do Facebook são visíveis ao mundo inteiro, o que os torna um anúncio implícito da vida em Ryerson. A página pedia claramente o seguinte: "Se você quer aderir ao grupo, por favor use os formulários para discutir/publicar soluções para os trabalhos de química. Por favor, inclua suas soluções se elas já não tiverem sido publicadas." Embora McWilliams não tenha visto a conversa do grupo em si, essa requisição parecia solicitar o compartilhamento de respostas abertamente, ao contrário da natureza dos trabalhos. (Alunos que participavam do grupo insistiram que esse compartilhamento nunca aconteceu, apesar de isso ser impossível de averiguar, já que o grupo foi apagado e nenhum registro público está mais disponível.)

E há o problema de "ficar na aba". Mesmo que os alunos se reúnam na Masmorra do mundo real, no campus de Ryerson, nenhuma de suas mesas acomoda 146 pessoas. Se você tem um grupo de estudo de meia dúzia de pessoas e um novo membro em potencial chega e diz: "Eu não estou aqui para participar, estou aqui para roubar respostas de vocês", será fácil identificar e excluir essa pessoa. Como Dave Hickey disse sobre músicos que tocam em lugares pequenos, é mais fácil, num grupo intimista, saber quem está ali para realmente participar, enquanto em grandes grupos é mais fácil fazer figuração, consumir sem participar.

Espaços virtuais são diferentes. Qualquer que seja o valor de um grupo de estudo no Facebook, é muito fácil adivinhar que, entre os 146 integrantes, alguém estava "na aba", tirando proveito da criação compartilhada de valor sem oferecer muito em troca. De fato, muitas colaborações on-line, sejam grupos de estudo, softwares livres ou mídia criada por usuários, são tolerantes com quem pega carona de graça, porque existe nelas um grupo menor e muito comprometido de pessoas que partilham a criação de algo de valor para que um grupo muito maior tire proveito mesmo. Esses sistemas tolerantes aos caronas podem ser tremendamente valiosos, mas são muitas vezes um péssimo parâmetro para a educação.

O conflito entre "O Facebook é uma máquina de fax melhorada" e "O Facebook é como uma sala on-line" tende a exagerar a medida até onde algo novo é igual ao que havia antes e subestimar as diferenças entre o antigo e o novo. O Facebook é, de fato, muito como o Facebook; Avenir e seus colegas o usaram precisamente pelas coisas que ele faz e que nem máquinas de fax nem mesas podem fazer. Ele distribui informação por um grupo social conhecido de maneira barata, instantânea e sem a necessidade de que os participantes estejam num mesmo tempo e espaço.

Essas capacidades, por mais impressionantes que sejam, obviamente não são positivas para a educação. A administração de Ryerson estava certa ao se preocupar, porque a educação superior jamais teve a eficiência como seu único ou principal parâmetro; ela tem menos a ver com encontrar a resposta certa e mais com aprender as técnicas corretas. Quando um professor pergunta algo sobre combinações químicas entre hidrogênio e oxigênio, por exemplo, não é porque ele não saiba de onde vem a água, e sim porque quer que os alunos saibam encontrar as respostas por conta própria. Maneiras de chegar à resposta certa que envolvam apenas perguntar a outras pessoas, sem internalizar o processo, não educam o aluno de fato. Na verdade, receber a resposta de mão beijada anula o propósito da educação.

Mesmo assim, comunidades que lutam com informação técnica compartilham observações e técnicas o tempo todo, e, num processo semelhante, aprendizes que compartilham suas observações e frustrações com seus pares aprendem mais rápido e retêm mais daquilo que aprenderam do que alguém que estude sozinho. Essa briga vai longe, e nenhum dos pontos de vista esclarece qual deveria ser a posição da Universidade de Ryerson. Não está claro, tampouco, se existe uma resposta certa – o reequilíbrio do trabalho individual e grupal é exatamente o que fazem as universidades, e o resultado habitual é uma troca com diferentes vantagens e desvantagens. Os únicos dois pontos claros, na realidade, são os extremos – proibir todo mundo de conversar para sempre e exigir que todo mundo converse o tempo inteiro. Nenhum dos dois é útil do ponto de vista educativo, portanto um novo contrato é imperativo.

O que está claro é que a simples aplicação de princípios aparentemente fundamentais não é realmente simples, porque os princípios não são realmente fundamentais. A política de Ryerson, e na verdade a política implícita para grupos de estudo na maioria das universidades e faculdades, apoia-se em suposições antigas que nem sequer precisariam ser mencionadas: pessoas de dezoito anos não publicam em escala global. Grupos de estudo precisam se encontrar em salas reais. Não se pode juntar 146 pessoas em torno de uma mesa. O que acontece num campus não é visível para o resto do mundo. E por aí vai. A reação de Ryerson foi levada em parte pela necessidade repentina de reorientar suas políticas numa era em que aquelas suposições não se aplicam mais.

Na época da audiência disciplinar de Avenir, grande parte da discussão pública foi sobre a injustiça que estava sendo cometida com ele – ele nem mesmo havia fundado o grupo no Facebook, só o tinha administrado, então seus atos não eram tão diferentes dos de seus companheiros de grupo de estudo. Além do mais, nenhum dos participantes fez qualquer coisa para esconder sua decisão de aderir ao grupo – eles, aliás, puseram seus nomes numa lista da Masmorra real, tornando difícil acreditar que eles pensassem estar trapaceando. (Considere como seria fácil fazer uma lista secreta de e-mails – se eles realmente quisessem trapacear, McWilliams nunca teria descoberto). Ryerson, mais tarde, parece ter decidido que suas acusações iniciais contra Avenir eram uma reação exagerada; ele recebeu uma nota baixa na prova que foi feita na época do grupo de estudo, mas não foi expulso.

Qualquer tentativa de proibir o uso de mídia social teria comprometido Ryerson com um grau de vigilância incompatível com o tratamento dos alunos como adultos. Em vez disso, os limites ao uso de mídias sociais devem ser definidos sobretudo pelos próprios alunos, tanto como forma de disciplina pessoal quanto como parte de suas expectativas culturais mútuas. A comunidade de Ryerson (e, de fato, a de todas as instituições educacionais) não tem alternativa a não ser forjar um novo contrato, explicando aos alunos quais modos de compartilhamento são aceitáveis e quais não são. Esse contrato envolve uma determinação efetiva do equilíbrio entre questões individuais e questões grupais, antes mantido pelas limitações do mundo real. Os grupos de estudo eram limitados à interação feita pessoalmente por falta de alternativas; sem esse limite, os alunos precisam ser envolvidos na produção de novos limites no contexto de suas novas capacidades.

A sociedade é moldada tanto pela inconveniência quanto pela capacidade, pelo que pode e pelo que não pode fazer. Essas duas características, no entanto, estão em profundo desequilíbrio, porque os pressupostos culturais associados à inconveniência simplesmente se parecem com o realismo: grupos de estudo são pequenos porque grupos de trabalho grandes e ativos não conseguem trabalhar juntos em prazos curtos. Grupos de amigos e vizinhos trocam caronas porque não há maneira de equilibrar oferta e demanda em escalas maiores. Os profissionais precisam criar obras de referência, porque o trabalho voluntário não consegue ser coordenado suficientemente bem para que algo de valor seja feito. E assim por diante. Gerenciar a inconveniência, seja grande ou pequena, envolve muitas vezes criar uma classe particular de trabalhador. Professores universitários, críticos gastronômicos, bibliotecários e arquivistas, todos eles ajudam a manter a inconveniência em níveis toleráveis para todos.

Quando coisas que costumavam ser inconvenientes deixam de ser, entretanto, antigos acordos precisam ser renegociados, inclusive o papel desses trabalhadores: quando você pode saber sobre um restaurante a partir de uma visão agregada das pessoas que realmente comeram lá, o valor da crítica como fonte de recomendação é reduzido. Outras funções do crítico, como interpretar as intenções do chef ou relacioná-las com a história de uma determinada culinária, permanecem, mas o valor geral do trabalho dos críticos encolhe, porque o mundo a seu redor mudou.

Essa mudança pode ser desorientadora e levou diversos críticos a atacar essas agregações de experiência popular. Uma das primeiras reclamações apareceu num ensaio chamado "The Zagat Effect", escrito por Steven Shaw em 2000.[10] O Zagat é um guia de restaurantes que agrega críticas e opiniões de usuários. Shaw reclamou amargamente disso, focando em particular na opinião dos usuários, que colocaram o Union Square Café de Nova York como número um, o que ele considerava injusto:

> [O Union Square Café] é o número um no sentido de que ele aparece primeiro em respostas à pergunta "Quais são os seus restaurantes favoritos em Nova York?" ... O Union Square Café é, de fato, um restaurante muito bom,

> adorado por muitos nova-iorquinos por seu serviço simpático – é talvez o menos intimidador dos bons restaurantes da cidade – e por sua comida simples, mas muito saborosa. Mas, com todo o respeito a esse estabelecimento, que tem toda razão de ser popular, é com certeza ridículo colocá-lo à frente de dezenas de outros lugares, sobretudo de restaurantes de qualidade internacional como o Lespinasse, o Jean Georges e o Daniel.

Em nenhum ponto do artigo Shaw esclarece *por que* preferir o Union Square Café ao Lespinasse é com certeza ridículo – e a classificação do Lespinasse como restaurante de qualidade internacional simplesmente é bastante questionável. Num mundo em que o acesso à informação é aberto, o crítico anda na corda bamba. Shaw não quer condenar o Union Square como um restaurante ruim; só não é o tipo de restaurante que pessoas como ele preferem, ou seja, gente que come profissionalmente em restaurantes e gosta de um pouco de soberba acompanhando os aperitivos. Mas, se ele fizer essa reclamação de maneira muito visível, arrisca-se a sabotar seu desejo de conseguir orientar seus leitores. Na época em que a crítica profissional era o único julgamento público de restaurantes, essa diferença não importava muito (e o conteúdo da crítica não era tão visível para o público), mas, agora que podemos encontrar uma resposta agregada à pergunta "Qual é o seu restaurante preferido?", nós queremos essa informação e podemos até preferi-la aos julgamentos proferidos por críticos profissionais.

Uma objeção comum à difusão de conhecimento compartilhado é a necessidade de habilidades profissionais, ideia em geral acompanhada da observação de que ninguém aceitaria fazer uma cirurgia no cérebro com alguém que aprendeu pela Wikipédia. Vamos considerar, como dizem os advogados, que isso seja verdade; quando se trata de cirurgia cerebral, ter um cirurgião formado parece ser boa ideia. Mas o engraçado em relação a essa regra é que na verdade não precisamos dela, porque ela é autoevidente. A imagem do cirurgião cerebral amador só se manifesta em conversas que *não são* sobre cirurgia cerebral. O verdadeiro argumento é que, todas as vezes que se comparam profissionais e amadores, devemos preferir os profissionais, e a cirurgia no cérebro serve apenas como exemplo ilustrativo.

Há duas falhas nessa linha de raciocínio. A primeira é que ninguém iria também querer um neurocirurgião que aprendeu o que sabe na *Encyclopaedia Britannica*. A analogia da cirurgia no cérebro não é amplamente aplicável, porque não diz nada em relação a decidir entre fontes de informação que competem entre si. Aqui vai um argumento alternativo: você nunca deve comer num restaurante sem ter sido recomendado por um crítico gastronômico profissional. Afinal, quem sabe o que poderia acontecer? Você poderia acabar comendo em lugares com comida simples, mas muito saborosa, e sem garçons intimidadores à vista. Esse é um exemplo tão ridículo quanto o da cirurgia do cérebro, no extremo oposto. Mas nos oferece um leque de analogias, e agora podemos perguntar sobre determinada função: "Isto é mais parecido com um cirurgião do cérebro ou com um crítico gastronômico?" Neurocirurgiões conhecem as partes do cérebro, e também sabem como manejar perfeitamente um bisturi; fatiar partes de cérebros reais é um trabalho que deve ser limitado a profissionais, mas não é claro que conhecer os nomes das partes do cérebro deva ser limitado da mesma forma.

O segundo ponto frágil na analogia do cirurgião cerebral é que ela convida o ouvinte a presumir que sempre devemos preferir profissionais a amadores. Mas, curiosamente, ninguém acredita nessa proposição, nem mesmo as pessoas que argumentam com base em cirurgiões cerebrais formados pela Wikipédia. De fato, se essa preferência pelo profissional fosse universalmente aplicável, todos nós seríamos clientes de prostitutas – elas são, afinal, muito mais experientes em seu trabalho do que a maioria de nós jamais vai ser. Por comparação, no amor as pessoas são amadoras (no sentido mais literal da palavra). Mas aqui a intimidade supera a habilidade. Por razões semelhantes, eu canto "Parabéns pra Você" para meus filhos, mesmo com minha voz terrível, não porque eu possa fazer melhor do que Placido Domingo ou Lyle Lovett, mas porque esses talentosos senhores não amam meus filhos como eu. Há ocasiões, em outras palavras, em que fazer as coisas de forma imperfeita, mas com e para os outros, é melhor do que tê-las bem-feitas em nosso nome por profissionais. Chris Anderson, autor de *Free*, conta uma história sobre seus filhos decidindo o que assistir num grande aparelho de televisão.[11] Os filhos dele são fãs de *Guerra nas estrelas*, e tiveram que escolher entre ver um dos filmes da série em alta definição ou uma recriação de *Guerra nas estrelas* com peças de Lego no YouTube. Adivinhe o que eles escolheram. Eles já entendiam o cânone de *Guerra nas estrelas* – a novidade era ver o que seus iguais estavam fazendo com aquele conhecimento compartilhado.

Duas forças de compensação, em outras palavras, se contrapõem a uma tendência em direção ao puro profissionalismo. A primeira é o contraexemplo do Zagat (o valor de pessoas comuns compartilhando o que sabem) e a segunda é o contraexemplo do "Parabéns pra Você" (o valor de fazer algo que gera um sentimento de participação ou generosidade). Algumas vezes, o valor do trabalho profissional supera o valor do compartilhamento amador ou um sentimento de participação, mas outras vezes as pessoas acham melhor o compartilhamento em larga escala e de longo prazo. À medida que mais pessoas esperarem que a participação amadora seja sempre uma opção aberta, essa expectativa pode ir mudando a cultura.

Pacientes como nós

Para continuar com analogias médicas, vamos imaginar um paciente que tenha uma doença realmente complicada que lhe altere a rotina da vida. É desnecessário dizer que esse paciente quer um profissional para fazer seu diagnóstico e seu tratamento, mas também quer saber algo a respeito do tratamento prescrito pelo médico. O médico não tem tempo para dar ao paciente toda a informação que ele deseja. Aqui, ambos os casos de valor amador – o compartilhamento e o sentimento de pertencer a algo – podem vir à tona de maneiras que não eram possíveis mesmo há poucos anos.

PatientsLikeMe.com (Pacientes como Eu) é um site que, como o próprio nome indica, permite que pacientes que sofrem de doenças crônicas similares compartilhem informações e ofereçam apoio mútuo. As vantagens de se juntar a um grupo como esse se adéquam ao modelo transacional do atual sistema de saúde: os pacientes podem aprender uns com os outros sobre como lidar com tratamentos longos e complexos (como estimulações cerebrais profundas para portadores do mal de Parkinson ou antirretrovirais para os casos de aids), e também podem se oferecer como cobaias a médicos pesquisadores, dessa forma reduzindo custos e aumentando a velocidade de teste de novas terapias.

Muitos testes tradicionais de novas terapias trabalham com menos de vinte pacientes num determinado grupo experimental (chamado de painel). Mas mais de 50 mil pessoas usam o PatientsLikeMe, criando comunidades para doenças específicas. (Sua estratégia é a mesma do PickupPal, que reúne motoristas e caronas em áreas comuns.) O site foi usado por tantos pacientes com esclerose lateral amiotrófica (ELA, também conhecida como doença de Lou Gehrig) que foi dividido em categorias de ELA comum e de duas variantes mais raras: esclerose lateral primária (ELP) e atrofia muscular progressiva (AMP).

A ELA afeta todos os neurônios motores do cérebro e da coluna vertebral, enquanto sua versão primária (ELP) afeta apenas os neurônios motores superiores, e a atrofia muscular progressiva só os inferiores. Essa distinção é importante, porque a média de sobrevida é entre dois e cinco anos para a ELA, entre cinco e dez anos para a ELP e de décadas para a AMP. A comunidade médica de pesquisa não sabe tanto sobre a ELP e a AMP, porque, por mais rara que seja a ELA (cerca de 0,001% da população sofre da doença), ainda é cerca de vinte vezes mais comum do que a ELP e a AMP. Os maiores estudos com pacientes de ELP ou AMP avaliaram pouco mais de cinquenta casos; em contraste, o PatientsLikeMe registrou cerca de duzentos com ELP e quase trezentos com AMP.[12]

Os pacientes no PatientsLikeMe não se oferecem apenas para testes com novos medicamentos. Eles compartilham suas experiências com o tratamento (como lidam com complexos regimes de medicação) ou com o sistema de saúde como um todo (como trafegam no mundo dos planos de saúde ou no sistema público). E fornecem um tipo de apoio que os médicos poucas vezes conseguem: a conversa com companheiros de sofrimento. O PatientsLikeMe usa a palavra *comunidade* para denotar um grupo de pacientes que compartilha uma enfermidade específica, e por uma boa razão: como em qualquer comunidade de prática, eles compartilham informações e ideias, além de produzir normas culturais e apoio mútuo. Oferecem um grau de apoio moral de que o sistema médico atual poucas vezes dispõe, e isso acaba sendo um elemento crucial do tratamento. Saber que você não é o único que passa por alguma coisa pode por si só ser um grande alívio, à parte de qualquer melhora física. Além de receber informação altamente estruturada a respeito de síndromes, tratamentos, sintomas e tudo o mais, os pacientes podem criar seus próprios tópicos para discutir o que quer que esteja passando por suas cabeças.

Algumas dessas conversas são complicadas, discussões altamente específicas a respeito de planos de tratamento. Um paciente relatou que conseguiu que seu neurologista alterasse a dose de 10 miligramas de baclofeno, que ele tomava para tratar um efeito colateral de rigidez muscular que torna difícil manter o equilíbrio quando se anda. Seu neurologista lhe dissera que 10 miligramas era a dose máxima, e ele tomou essa quantidade diariamente por quatorze anos, com pouco efeito. Então, ele leu no PatientsLikeMe que muitos pacientes com o mesmo problema tomavam doses de até 80 miligramas sem grandes efeitos colaterais. Seu médico aumentou a dose, com bom resultado.[13] Outras conversas se expandem para bate-papos desconexos fora do tópico: um tópico sobre um paciente que estava considerando a infidelidade chegou a centenas de respostas (com média de dez a favor contra um). Seria muito fácil dizer que a discussão sobre o baclofeno no PatientsLikeMe é "boa" e o debate sobre infidelidade é "ruim", mas isso seria não compreender nem a natureza humana, nem a ideia motriz do site.

O PatientsLikeMe agrega dados de pacientes melhor do que os métodos tradicionais porque lhes oferece um sentimento de participação e de esforço comum. A melhora na qualidade dos dados acontece, apesar dos debates sobre infidelidade e coisas do gênero, porque esse tipo de conversa e milhares de outros ajudam a atrair pessoas para o site, e a fazê-las voltar. Os portadores de ELA que usam o PatientsLikeMe não só recebem uns dos outros coisas que não conseguiriam com profissionais, como também oferecem coisas que os profissionais não teriam como obter de outra forma, como por exemplo grandes grupos populacionais para participar de painéis.

O site funciona porque sua comunidade recompensa o compartilhamento aberto do dado médico, uma norma cultural muito diferente das normas predominantes sobre privacidade médica. Como a maioria dos sites que lidam com informações de usuários, o PatientsLikeMe.com tem uma política de privacidade, mas também tem uma "filosofia de abertura":

> Atualmente, a maior parte dos dados de atendimento de saúde é inacessível, devido a regulamentações de privacidade ou táticas de propriedade. O resultado é que as pesquisas ficam mais lentas e o desenvolvimento de tratamentos revolucionários demora décadas. Os pacientes também não podem obter a informação de que precisam para tomar decisões importantes a respeito de seu tratamento. Mas não precisa ser assim. Quando você e milhares de pessoas como você compartilham seus dados, abrem o sistema de saúde. Você passa a saber o que está funcionando para os outros. Você enriquece o diálogo com seus médicos. E, o melhor de tudo, ajuda a trazer novos tratamentos para o mercado em tempo recorde.[14]

O PatientsLikeMe oferece diversas ferramentas interessantes de compartilhamento, mas o compartilhamento em si é uma característica humana, não tecnológica. Como na transição da alquimia para a química com a Universidade Invisível, uma mudança crucial aconteceu nas mentes dos usuários do PatientsLikeMe, de uma norma cultural em que os profissionais da medicina acumulam a informação e a escondem de seus pacientes para uma norma de compartilhamento na qual todos se beneficiam. Os pacientes se beneficiam por se sentirem e estarem conectados, tanto por compartilhar suas preocupações e dores quanto por suas observações e seus sintomas, e os pesquisadores se beneficiam por ter o maior grupo de pacientes com doenças raras e crônicas já reunido.

Esse site está expandindo o conhecimento de como combinar – está envolvendo pacientes e pesquisadores e produzindo mais material para recombinação. Ele ainda pode fracassar, mas, se der certo, vai mudar a cultura; na verdade, se não mudar a cultura, não poderá dar certo, porque a norma cultural que se opõe ao compartilhamento de dados médicos o impedirá de funcionar.

Essa mudança cultural não é desprovida de problemas – de fato, o PatientsLikeMe precisa de uma filosofia de abertura justamente porque compartilhar dados médicos implica riscos, desde o constrangimento até a discriminação profissional e o assédio. Uma forma de fazer as pessoas aceitarem os riscos da conexão social é aumentar as recompensas; se pessoas em número suficiente se juntarem para fazer com que o novo grupo valha a pena, isso vai encorajar mais pessoas a se unir, e é essa realimentação que aumenta o valor da informação médica agregada disponível. O PatientsLikeMe ficou tão conhecido e elogiado que recebe hoje em dia um novo integrante para cada dez novos diagnósticos de ELA nos Estados Unidos. Não somente esses pacientes estão dispostos a adotar a filosofia de abertura, como alguns concordaram em doar sua sequência genética inteira para exame dos pesquisadores.

A história do PatientsLikeMe.com ilustra uma das questões mais importantes que enfrentamos em relação ao uso de mídias sociais: quão capazes seremos de tirar proveito do excedente cognitivo para produzir valor cívico real?

6. Pessoal, comum, público e cívico

Pode-se obter mais valor da participação voluntária do que jamais foi imaginado, graças ao aperfeiçoamento de nossa habilidade de nos conectarmos uns aos outros e de nossa imaginação do que será possível a partir dessa participação. Estamos saindo de uma era de cegueira induzida por teorias, na qual o compartilhamento do pensamento (e a maioria das interações não mercadológicas) se limitava, de formas mais inerentes do que casuais, a grupos pequenos e fechados.

O custo drasticamente reduzido de se dirigir ao público e o tamanho drasticamente aumentado da população conectada significam que agora podemos fazer coisas de valor duradouro a partir de agregações maciças de pequenas contribuições. Esse fato, padrão da época em que vivemos, está sendo uma surpresa persistente. Sempre que puderam, os observadores céticos atacaram a ideia de que juntar nosso excedente cognitivo poderia ser útil para criar algo que valesse a pena, ou sugeriram que, se isso fosse útil, seria uma forma de fraude, porque compartilhar em uma escala que compete com instituições mais antigas é de algum modo errado. Steve Ballmer, da Microsoft, denunciou a produção compartilhada de software como comunismo.[1] Robert McHenry, ex-editor chefe da *Encyclopaedia Britannica*, comparou a Wikipédia a um banheiro público.[2] Andrew Keen, autor de *O culto do amador*, comparou blogueiros a macacos.[3] Esses protestos, embora fruto de interesse próprio, reproduziam crenças mais arraigadas. Esforços divididos sem controle gerencial podiam ser aceitáveis para piqueniques e campeonatos de boliche, mas trabalho sério é feito por dinheiro e por pessoas que trabalham em organizações adequadas, com gerentes que dirigem o trabalho.

Elevar o nível da imaginação sobre o que é possível fazer é sempre um ato de fé. Em épocas mais antigas, quando os grupos de amadores eram pequenos e os custos organizacionais eram altos, compartilhar não era muito eficiente para criar valor duradouro ou em larga escala; os grupos eram difíceis de coordenar, e o fruto de seu trabalho amador era difícil de preservar, descobrir ou disseminar. Esses limites de tamanho e longevidade também agiam sobre o alcance e a vida útil do compartilhamento – seu alcance social era historicamente bem pequeno, e sua vida útil bem curta. Mas a produção social pode agora ser muito mais efetiva do que já foi, tanto em termos absolutos quanto em relação à produção formalmente gerenciada, porque o alcance e a vida útil do esforço compartilhado saíram do âmbito doméstico para a escala global.

Essa grande mudança não é utopia. Desprezar antigos limites não nos levará a um mundo sem limites. Todos os mundos, passado, presente e futuro, têm limites; jogar fora os antigos apenas abre espaço para que surjam novos. O aumento da produção social faz crescer tensões persistentes entre os desejos de indivíduos e de grupos. Essa tensão foi bem-descrita por Wilfred Bion, um psicoterapeuta que se encarregou de uma terapia de grupo com neuróticos durante a Segunda Guerra Mundial. Bion fez anotações sobre aquelas sessões, que mais tarde se tornaram um pequeno livro chamado *Experiências com grupos*.[4] Nas sessões, Bion observou que seus pacientes estavam, como grupo, conspirando para derrotar a terapia. Eles não se comunicavam ou se coordenavam abertamente, mas sempre que ele tentava uma determinada intervenção terapêutica, o grupo a anulava mudando de assunto ou evitando conversas que poderiam levar à análise de seu comportamento. Esse traço classicamente neurótico é em geral apresentado por indivíduos, mas o grupo de Bion parecia neurótico como um todo. Nenhum paciente estava incitando a atitude, ou dirigindo as respostas alheias, mas mesmo assim alguma forma de resposta coordenada acontecia claramente entre aquelas pessoas.

Bion refletiu se deveria analisar a situação como uma reunião de indivíduos agindo ou como um grupo coordenado. Ele não conseguia resolver a questão, e finalmente decidiu que a insolubilidade era a resposta. À pergunta "É mais correto pensar em grupos de pessoas como agregações de indivíduos ou como uma unidade coesa?", sua resposta foi que, como espécie, nós somos "irreversivelmente ligados a ambas". Seres humanos são fundamentalmente individuais, mas também são fundamentalmente sociais. Cada um de nós tem uma mente racional; podemos fazer considerações e decisões individuais. E também temos uma mente emocional; podemos criar laços profundos com outras pessoas a ponto de transcender nossos intelectos individuais.

Todos os grupos têm um componente emocional – emoções, de fato, mantêm os grupos unidos. A participação em grupos apresenta ao indivíduo tamanho grau de dificuldades e oportunidades que, sem um comprometimento emocional, muitos grupos seriam desfeitos à aparição do primeiro problema real. Um grupo que corre atrás de um propósito comum precisa ser efetivo (senão, por que se unir?), mas também precisa ser satisfatório para seus integrantes (senão, por que eles ficariam?). Assim, os grupos precisam equilibrar a efetividade enquanto grupo com a satisfação enquanto indivíduos – mesmo o Exército, gerenciado como a instituição hierárquica que é, preocupa-se fundamentalmente com o moral dos soldados. A questão da satisfação, entretanto, é mais significativa em grupos amadores, que se apoiam mais nas motivações intrínsecas de seus participantes.

O lado negativo de considerar a vida emocional de grupos é que isso pode minar a capacidade de fazer coisas; um grupo pode ficar mais preocupado em satisfazer seus integrantes do que em atingir seus objetivos. Bion identificou várias maneiras como os grupos podem deslizar para a emoção pura – podem se tornar "grupos de casais", nos quais os membros estão mais interessados em formar pares românticos ou em discutir quem já o tenha feito; podem se dedicar à veneração de algo, continuamente louvando seu objeto de afeição (grupos de fãs têm essa característica com frequência, sejam leitores de Harry Potter ou torcedores do time de futebol Arsenal); ou podem, ainda, se preocupar em excesso com ameaças externas reais ou percebidas. Bion observou acuradamente que, como inimigos externos são um grande incômodo para a solidariedade de grupo, alguns grupos consagram líderes paranoicos porque essas pessoas são especialistas em identificar ameaças externas, gerando com isso um prazeroso sentimento de solidariedade de grupo mesmo quando as ameaças não são reais.

Para a maioria dos grupos, observou Bion, a ameaça primária é interna: o risco de se entregar a um comportamento emocionalmente satisfatório, mas não efetivo. Ele classificou esse tipo como "grupo básico", ou seja, daqueles que caem em seus desejos mais básicos. Grupos básicos são incapazes de perseguir um objetivo maior, e muitas vezes evitam isso ativamente. (Os pacientes neuróticos de Bion, por exemplo, estavam formalmente sob tratamento para melhorar, mas na verdade tentavam evitar fazer qualquer trabalho que os levasse a uma mudança real.) Qualquer grupo que tenta criar valor real deve se policiar para ter certeza de que não está perdendo de vista seu propósito maior, ou, como Bion chamou, seu "objetivo sofisticado".

Em oposição a eles, Bion classificou os grupos que correm atrás de seus objetivos como "grupos de trabalho sofisticados": seus membros trabalhavam para prevenir a si mesmos e aos colegas de deslizar para emoções satisfatórias mas não efetivas, e, quando perdiam o foco principal, faziam o grupo retornar a seu objetivo sofisticado. O mecanismo primário desses grupos sofisticados é que os membros internalizam os padrões do grupo e reagem aos comportamentos que ameaçam tais padrões, sejam tais comportamentos originários deles mesmos ou de outros integrantes. O gerenciamento nesses grupos não é só um conjunto de princípios e objetivos, mas um conjunto de princípios e objetivos que foram internalizados pelos participantes. Essa forma de autogerenciamento nos ajuda a nos comportarmos de acordo com o melhor de nossa natureza.

Mulheres e homens

O vídeo começa de uma forma muito simples: duas mulheres, Georgia Merton e Penny Cross, sentadas à mesa, narrando um pequeno texto que fizeram para o Current.com sobre sua recente viagem às praias da França, em que só se hospedaram com estranhos.[5]

As duas coordenaram suas hospedagens através de um serviço chamado CouchSurfing.org, que é, em sua própria descrição, "uma nova maneira de viajar. Com 80 mil membros, você pode ver o perfil das pessoas e saber se elas podem acomodá-lo em suas casas. Você não paga, é convidado. O CouchSurfing foi instituído para mudar a maneira como as pessoas viajam. Não se trata só de receber acomodação gratuita, mas também de fazer conexões mundo afora." O CouchSurfing é uma espécie de rede social para viajantes (agora com mais de 100 mil participantes) que conecta pessoas precisando de um lugar para ficar por uma ou duas noites a pessoas que se dispõem a recebê-las.

Merton e Cross documentaram seu uso do CouchSurfing.com; o vídeo intercala cenas delas em viagem com entrevistas com dois de seus anfitriões, Romain, em Saintes, e Mounir, em Biarritz. O vídeo segue uma ordem cronológica, portanto ouvimos o que elas pensavam quando ainda estavam se preparando para experimentar esse jeito de viajar pela primeira vez. Claro, duas mulheres viajando sozinhas estavam preocupadas com o grau de confiança que poderiam ter em estranhos. Da viagem a Saintes, elas dizem: "Estamos olhando o perfil de Romain de novo – ele não parece muito assustador em nenhuma das fotos, mas nunca se sabe, né? Quer dizer, sei lá, ele pode ser... um assassino, então não sabemos bem o que estamos fazendo e estamos com um pouco de medo de ir, mas vamos descobrir amanhã." Depois, antes de conhecer Mounir e ir à sua casa em Biarritz, elas dizem: "Estamos encontrando esse cara aqui. Georgia disse antes [no vídeo] que estamos um pouco preocupadas, mas agora nós estamos realmente preocupadas. Ele telefonou e simplesmente quer levar uma de nós de cada vez para sua casa. Ele diz que só tem um lugar no carro."

Romain e Mounir acabaram se revelando boas pessoas – Romain, pelo pouco que se vê dele, é um pouco mais introspectivo, fala sobre o CouchSurfing.com e o que o faz funcionar num nível social, enquanto Mounir é mais teatral, fazendo para as moças a imitação de uma visita guiada em seu apartamento. Mas ambos são bons anfitriões, e as mulheres passaram uma ótima temporada nas praias e saindo com eles. Merton e Cross terminam o vídeo convertidas, afirmando: "Agradecemos a todos que nos hospedaram e deixamos ótimas referências sobre eles" (uma forma de qualificá-los em seus perfis no CouchSurfing.com), e com uma calorosa recomendação aos espectadores para que "entrem na onda do couchsurf!".

Em ambientes do mundo real, o problema da confiança entre homens e mulheres sempre foi crítico. Particularmente para mulheres, num ambiente com homens que elas não conhecem, os prazeres da novidade e da conexão social são negativamente equilibrados tanto pela inconveniência quanto pelo perigo. Em 2008, outra dupla de mulheres, as italianas Silvia Moro e Giuseppina Pasqualino di Marineo (também conhecida como Pippa Bacca), decidiu usar essas questões de confiança como parte de um trabalho artístico, contrastando a desconfiança tantas vezes projetada em relação a terceiros com a fé do artista na confiabilidade básica das pessoas.

Seu trabalho, *Brides on Tour* (Noivas em Viagem), mostrava-as viajando ao longo do Mediterrâneo pedindo carona e sempre usando vestidos de noiva brancos. Os vestidos eram um emblema de pureza, ilustrando os traços comuns das culturas mediterrâneas, apesar de séculos de tensões étnicas e religiosas. Viajar pedindo carona também era parte fundamental da mensagem do trabalho – tal como as artistas disseram no site que documentou o projeto: "Pedir carona é escolher ter fé em outros seres humanos, e o homem, como um pequeno deus, recompensa aqueles que têm fé nele."[6]

A dupla estabeleceu uma rota que começava em sua cidade natal, Milão, ia até Istambul, e de lá para Ankara, Damasco, Beirute e Amã, terminando em Jerusalém, essa dividida cidade pacífica. Partiram no início de março e compartilhavam fotos e observações de sua viagem no site conforme avançavam. Viajaram em dupla até Istambul, e se separaram em Beirute. Logo depois de deixar Istambul, Pippa Bacca foi sequestrada, estuprada e estrangulada, e seu corpo foi jogado atrás de alguns arbustos perto da cidade de Tavsanli.[7] Devido à natureza pouco comum e solitária de suas viagens, não ficou imediatamente claro que ela havia desaparecido, o que atrasou as buscas. A última vez que alguém tinha ouvido falar dela foi no final de março, mas seu corpo nu e em decomposição só foi descoberto em meados de abril. A polícia prendeu Murat Karatas, um morador local com ficha criminal, depois que ele usou o telefone roubado de Pippa. Ele confessou que deu carona a ela num jipe, depois a estuprou e matou. As imprensas da Itália e da Turquia cobriram o projeto artístico que havia levado Pippa Bacca a Tavsanli com alguma delicadeza, mas as circunstâncias de sua morte engendraram uma reação comum entre muitos leitores: uma mulher vestida de maneira estranha e chamativa, pedindo carona sozinha, em um país estrangeiro – o que ela estava pensando?

Duas duplas de mulheres viajaram ao exterior, ficando com estranhos o tempo inteiro; uma dupla teve férias prazerosas, a outra viveu uma catástrofe. Parte da catástrofe foi má sorte – Pippa Bacca não estava predestinada a pegar carona com um criminoso –, mas, entre as artistas e as usuárias do couchsurf, as primeiras assumiram o risco maior, e fizeram isso porque acreditaram, equivocadamente, que as motivações humanas são fundamentalmente boas. As usuárias do site, por outro lado, entendiam que algumas pessoas têm motivações para fazer o mal, que isso cria riscos reais e que você precisa minimizar esses riscos de alguma maneira. O CouchSurfing.com ajuda viajantes a encontrar anfitriões e vice-versa, mas inclui também perfis dos anfitriões, um sistema de reputações como no eBay e incontáveis avisos sobre segurança, sobretudo para viajantes mulheres. Merton e Cross claramente avaliaram esses riscos, pesquisaram sobre seus anfitriões, viajaram juntas e fizeram fotografias e vídeos de todos os lugares onde estiveram. Embora a maioria de nós não vá assumir os riscos que Pippa Bacca assumiu, a lição geral é clara – comunicação intensificada e contato com os outros não são isentos de risco, e qualquer nova oportunidade requer ferramentas para gerenciar o risco. Merton e Cross agiram para diminuir os riscos de perigo pessoal; Bacca e Moro simplesmente negaram sua existência.

A maneira de agir das usuárias do site reduziu o perigo para elas, mas não para as mulheres em geral. Esse objetivo muito mais ambicioso requer uma forma de ação ainda mais coordenada. Em janeiro de 2009, na cidade de Mangalore, no sudoeste da Índia, um grupo de fundamentalistas religiosos chamado Sri Ram Sene atacou mulheres que bebiam no Ambient, um bar local, agredindo-as e expulsando-as do estabelecimento.[8] Sri Ram Sene significa "Exército do Senhor Ram" em híndi (Ram é uma deidade hinduísta); esse grupo é comparado ao Talibã porque defende o policiamento moral violento. Outros frequentadores do bar documentaram o acontecimento com as câmeras de vídeo de seus telefones celulares, e os vídeos foram parar no YouTube, para depois serem usados em reportagens da mídia indiana sobre o fato. O fundador do Sri Ram Sene, Pramod Muthali, disse que eles atacaram as mulheres porque elas estavam se envolvendo em atividades imorais: "consumindo álcool, vestindo-se indecentemente e misturando-se com jovens de outros credos".[9] Ele anunciou que as próximas vítimas do grupo seriam quaisquer pessoas que estivessem celebrando o Dia dos Namorados, já que essa é uma celebração ocidental inapropriada para hindus, e porque ela glamoriza o amor romântico, que é inapropriado para uma sociedade que aprova (e no caso do Sene, exige) um comportamento casto das mulheres.

O vídeo dos ataques deixou as mulheres com medo – o Sene tinha demonstrado claramente que não pensava duas vezes antes de atacar qualquer um que violasse as normas sociais que eles queriam impor. Nisha Susan, uma moradora de Mangalore, decidiu reagir juntando mulheres para uma manifestação pública. Criou um grupo no Facebook chamado "Associação de Mulheres Livres, Avançadas e Frequentadoras de Bares".[10] (Abrindo o jogo: Susan diz que meu livro *Here Comes Everybody* foi útil para construir sua associação e sua reação.) O grupo de Susan no Facebook reuniu mais de 15 mil membros nos primeiros dias de existência, e sua primeira atividade foi a campanha Chaddi Rosa. (*Chaddi* é a gíria híndi para "roupas íntimas". Os membros do Sene são chamados de *chaddi wallahs* – usuários de cuecas – porque usam bermudas cáqui.) A ideia era tornar público o endereço de correspondência de Pramod Muthali e então inundá-lo com roupas de baixo cor-de-rosa, um gesto publicamente feminino do tipo que o Sene estava comprometido em apagar da cena pública.

A campanha de Susan inundou o escritório de Muthali de *chaddis*, muitos dos quais vinham com mensagens de confrontação escritas nelas, que por sua vez geraram uma consciência maior da ameaça que o Sene representava para as mulheres.[11] A campanha teve três outros efeitos, e o menos importante deles foi sobre os próprios membros do Sene; eles previsivelmente juraram que os *chaddis* cor-de-rosa não deteriam futuras ações e disseram que mandariam saris, a roupa feminina tradicional da Índia, de volta para as mulheres. (Não mandaram.) O segundo efeito, mais importante, foi que as mulheres comunicaram sua decisão coletiva aos políticos de Mangalore e ao governo regional de Karnataka. Infelizmente, políticos e a polícia tendem a reagir com mais rapidez a ameaças quando há evidências públicas preocupantes. A participação na campanha Chaddi Rosa demonstrou publicamente que uma população de mulheres estava querendo se contrapor ao Sene e que desejava que políticos e a polícia fizessem o mesmo. O terceiro e mais importante efeito foi que as mulheres deram a si mesmas (frequentadoras de bares, livres, avançadas ou o que fosse) um meio de expressar sua própria desaprovação tanto em relação à violência quanto à repressão. Ao demonstrar que as mulheres eram capazes criar uma rápida reação pública, Susan confrontou a provocação original do Sene e sugeriu uma disposição de também fazer frente às futuras provocações. Nas lutas políticas, não há jeito simples de atribuir causas e efeitos, mas o estado de Mangalore prendeu Muthali e vários membros importantes do Sene antes do Dia dos Namorados e os manteve presos até três dias depois, como forma de prevenir uma repetição dos ataques de janeiro.[12]

Tanto o CouchSurfing.com como a Associação de Mulheres Livres, Avançadas e Frequentadoras de Bares oferecem maneiras de diminuir os perigos específicos enfrentados pelas mulheres, mas de maneiras diferentes. O CouchSurfing é uma forma de recurso público, que combina respostas individuais num mercado para internautas homens e mulheres; seu valor é aproveitado sobretudo por seus participantes (e os riscos são em grande parte mitigados também pelos participantes). A associação de Susan, ao contrário, era uma intervenção cívica, criada para tornar a Índia mais segura não só para as mulheres que enviaram *chaddis*, mas para todas as mulheres que desejam ficar livres das ameaças impostas pelo Sri

Ram Sene. Os diferentes métodos e resultados desses dois grupos ilustram maneiras pelas quais a participação voluntária pode mudar a sociedade.

Indivíduos, grupos e liberdade

As pessoas têm hoje uma nova liberdade para agir de forma organizada e em público. Em termos de satisfação pessoal, esse bem é bastante descomplicado – mesmo os usos banais de nossa capacidade criativa (publicar vídeos de gatinhos com novelos de lã no YouTube ou escrever verborragias num blog) são mais criativos e generosos do que assistir TV. Nós não nos importamos realmente com o modo como as pessoas criam e compartilham; é suficiente que elas exerçam esse tipo de liberdade.

Aumentos da satisfação pessoal, entretanto, não são tudo o que está em jogo. Em termos de valor social, em oposição ao individual, nós nos importamos muito com a forma como nosso excedente cognitivo é usado. Participar do Ushahidi cria mais valor para a sociedade do que participar do ICanHasCheezburger; produzir e compartilhar softwares abertos cria mais valor para mais gente do que produzir e compartilhar uma *fanfiction* baseada em Harry Potter. O valor do Ushahidi ou do software aberto é mais do que a soma das satisfações pessoais dos participantes; os não participantes também agregam valor desses esforços. Você pode pensar nessa escala de valores como saindo do pessoal para o comum, e então para o público e o cívico.

O valor pessoal é o tipo de valor que recebemos por estar ativos em vez de passivos, por ser criativos em vez de consumistas. Se você tira uma fotografia, tece uma cesta ou faz um modelo de trem em miniatura, retira algo da experiência. Essa energia move os praticantes de passatempos em todo o mundo. Contudo, como observa Katherine Stone (a advogada que trabalha com mulheres que sofrem de depressão pós-parto citada no Capítulo 3), há grande valor em perceber que não estamos sozinhos. Adicionar as motivações sociais de participação a grupos e de generosidade às motivações pessoais de autonomia e competência pode incrementar drasticamente as atividades. Agora que se podem compartilhar vídeos no YouTube, muito mais pessoas os produzem do que jamais produziram quando compartilhá-los era mais difícil e a audiência potencial era menor. Como os seres humanos têm motivações sociais tanto quanto pessoais ("Irreversivelmente ligados a ambas", como disse Bion), as motivações sociais podem induzir a muito mais participação do que as motivações pessoais sozinhas.

A difusão da mídia social que permite o discurso público levou a uma mudança sutil na palavra *compartilhamento*. Compartilhar normalmente requeria um alto grau de conexão entre o doador e o receptor, então a ideia de compartilhar uma fotografia implicava que os compartilhantes se conhecessem. Esse compartilhamento tendia a ser uma ação recíproca e coordenada entre pessoas que se conheciam. Mas, agora que a mídia social estendeu incrivelmente o alcance e a vida útil do compartilhamento, sua organização passou a ter muitas formas.

Como essas várias formas existem num espectro de possibilidades, podemos identificar quatro pontos essenciais nele. Uma delas é o compartilhamento pessoal, feito por indivíduos que de outra maneira não estariam coordenados; pense no ICanHasCheezburger. Outra, mais envolvente, é o compartilhamento comum, que acontece num grupo de colaboradores; pense nos grupos do Meetup.com para mulheres com depressão pós-parto. Há também o compartilhamento público, quando um grupo de colaboradores deseja ativamente criar um recurso público; pense no projeto do software Apache. Finalmente, o compartilhamento cívico existe quando um grupo está tentando ativamente transformar a sociedade; pense no Chaddi Rosa. O espectro que vai do pessoal ao comum e ao público e ao cívico descreve o degrau de valor criado para participantes *versus* não participantes. Com o compartilhamento pessoal, a maior parte ou a totalidade do valor vai para os participantes, enquanto do outro lado do espectro, tentativas de compartilhamento cívico são especificamente construídas para gerar mudança real na sociedade a que pertencem os participantes.

O compartilhamento pessoal é a forma mais simples; tanto participantes como beneficiários estão agindo de forma individual, mas recebem valor pessoal advindo da presença uns dos outros. As ferramentas digitais criam um potencial de longo prazo para o compartilhamento sem requisitos extras para quem dá ou para quem recebe. Compartilhar uma foto ao colocá-la on-line constitui um compartilhamento, mesmo que ninguém jamais a veja.

Esse "compartilhamento congelado" cria grande valor potencial. Enormes bases de dados de imagens, texto, vídeos etc. incluem muitos itens que jamais foram vistos ou lidos, mas custa pouco mantê-los disponíveis, e eles podem ser úteis para alguém daqui a alguns anos. Esse minúsculo pedacinho de valor pode parecer muito pequeno para alguém se importar com ele, mas com dois bilhões de provedores em potencial, e dois bilhões de usuários em potencial, o valor minúsculo multiplicado por essa escala é imenso como agregado. Muita energia criativa que antes era pessoal adquiriu um componente compartilhado, mesmo que seja de compartilhamento congelado.

Criar valor comum é mais complicado. Um aglomerado de contribuintes não coordenados pode criar valor pessoal, mas um grupo de pessoas conversando ou colaborando mutuamente pode criar valor para seus membros. Os grupos do Meetup.com para depressão pós-parto criam valor para seus membros. A maior parte do valor, entretanto, é aproveitada pelos próprios membros do Meetup. O valor comum requer mais interação do que o valor pessoal, mas ainda permanece dentro do círculo de participantes.

O valor público é tão interativo quanto o comum, mas muito mais aberto à participação de iniciantes e gente de fora, e também mais aberto ao compartilhamento com essas pessoas. Em contraste com o compartilhamento comum, a vertente pública permite que as pessoas se juntem à vontade, e os resultados serão disponibilizados mesmo àquelas que não são participantes. O projeto Apache é um exemplo clássico de compartilhamento que cria valor público, porque os programadores que criam esse programa em geral o usam eles mesmos, mas também desejam (e se beneficiam disso) a adoção pelas pessoas de fora. De fato, uma motivação-chave para muitos participantes em projetos abertos é uma visão positiva do valor público que esses projetos podem criar.

O valor cívico é igual ao público no sentido de ser aberto, mas, para os grupos dedicados a criar valor cívico, melhorar a sociedade é seu objetivo explícito. A Associação de Mulheres Livres, Avançadas e Frequentadoras de Bares, de Nisha Susan, foi concebida para aumentar a liberdade de todas as mulheres indianas, não só das integrantes. Se a associação tivesse criado valor só para suas integrantes, à maneira do compartilhamento comum, teria sido um fracasso. Os participantes cívicos não almejam melhorar a vida apenas dos membros de seu grupo. Eles querem melhorar a vida até mesmo daqueles que nunca participam (com as óbvias exceções, já que aumentar a liberdade das mulheres piora a vida de pessoas como Pramod Muthali, que por princípio se opõe a essa liberdade).

Esses diferentes tipos de participação não significam que não deveríamos ter comunidades de *fanfiction* ou de *lolcats* – é só que qualquer coisa do lado pessoal e comum do espectro não corre muito risco de acabar, ou mesmo de ficar sem provisões. É difícil imaginar um futuro em que alguém se pergunte: "Onde, oh, onde eu posso compartilhar uma imagem do meu lindo gatinho?" Quase por definição, se as pessoas quiserem esse tipo de valor, ele estará lá. Não é tão simples com o valor público e menos ainda com o cívico. Como disse Gary Kamiya a respeito da internet de hoje: "Você sempre consegue o que quer, mas nem sempre o que precisa."[13] Os tipos de coisas de que nós precisamos são produzidos por grupos em busca de valor público.

Deveríamos nos importar mais com os valores público e cívico do que com os valores pessoal e comum, porque a sociedade se beneficia mais dos primeiros, mas também porque são valores mais difíceis de criar. A quantidade de valor público e cívico que provém do nosso excedente cognitivo é uma questão aberta e fortemente afetada pela cultura dos grupos que compartilham, bem como pela cultura da sociedade maior a que esses grupos pertencem. É como Dean Kamen, inventor e empresário, diz: "Numa cultura livre, você tem o que você celebra."[14] Dependendo do que celebremos uns nos outros, conseguiremos um pouco de valor público e cívico, como os que vemos hoje na Wikipédia, nos projetos de software abertos e nos Cidadãos Responsáveis, ou podemos celebrar pessoas que criam valor cívico, fazendo disso uma parte profunda da experiência de usuários em todos os lugares.

Ter o que celebramos evidencia a tensão entre maximizar a liberdade individual e maximizar o valor social. A mídia social introduz dilemas sociais em alguns ambientes onde eles antes não existiam; antes da geração histórica atual, motivar atores a fazer algo sem receber nada, só pelo bem cívico, era tarefa de governantes e entidades sem fins lucrativos, atores institucionais. Hoje, nós mesmos podemos assumir alguns desses problemas, mas, quanto mais queiramos fazer isso no lado cívico da escala, mais teremos que nos unir para alcançar (e celebrar) os objetivos compartilhados. Nem a perfeita liberdade individual, nem o perfeito controle social são o ideal (tanto Ayn Rand quanto Vladimir Lênin erraram o alvo), então cabe a nós a tarefa de gerenciar a tensão entre liberdade individual e valor social, um impasse que segue o padrão ainda comum de não ter solução, duas diferentes otimizações que criam diferentes tipos de valor, e diferentes tipos de problemas que precisam ser gerenciados.

Grupos e gerenciamento

Compartilhar pensamentos, expressões e mesmo ações com outros, possivelmente com muitos outros, está se tornando uma oportunidade normal, não só para profissionais e especialistas, mas para quem quiser. Essa oportunidade pode funcionar em escalas e durações antes inimagináveis. Ao contrário dos valores pessoal e comum, o valor público requer não só novas oportunidades para antigas motivações; ele requer gerenciamento, o que significa maneiras de desencorajar ou impedir pessoas de lesar o processo ou o produto do grupo.

Pierre Omidyar, fundador do eBay, diz com frequência que construiu seu site de leilões na premissa de que "as pessoas são basicamente boas",[15] querendo dizer que a maioria das transações no site funcionaria bem se ele deixasse compradores e vendedores se encontrarem por conta própria. A ideia, bastante nobre, não funcionou no eBay como ele queria – semanas depois do lançamento, tantas transações foram fraudadas que o eBay começou um sistema de reputações no qual compradores e vendedores poderiam ter uma visão da honestidade e da pontualidade uns dos outros, e assim por diante, baseado em críticas de outros membros.[16] As reputações dos membros acabaram se tornando tão importantes que mantêm a fraude no mínimo. Compradores e vendedores com identidades e reputações de longo prazo no site receberam um incentivo não apenas para se comportarem bem, mas também para assim serem vistos. Paul Resnick, pesquisador de mídia social na Universidade de Michigan, estudou o sistema de reputação do eBay e concluiu que vendedores com uma reputação positiva relatada por seus fregueses podiam cobrar 8% a mais por suas mercadorias em relação a vendedores que acabassem de chegar.[17]

O preceito original de Omidyar – "As pessoas são basicamente boas" – é verdade apenas com algum compromisso com uma estrutura de gerenciamento. CouchSurfing, eBay e PickupPal e inúmeros outros sites que envolvem esforço real ou dinheiro, assim como riscos reais, tiveram que encontrar formas de governar seus membros de modo a produzir um bem maior. A lição do eBay, menos atrativa, porém mais cuidadosa, é: "As pessoas vão se comportar se sentirem que há um valor de longo prazo ao fazer isso e uma perda imediata em não fazê-lo." Quanto maiores o valor e o risco inerentes à participação, mais necessário se torna algum tipo de estrutura para manter os participantes concentrados nos seus objetivos compartilhados e sofisticados, em vez de focados em seus objetivos pessoais e básicos.

Não existe uma receita para governar grupos que criam valor público. Projetos de software como o Apache tendem a ser meritocracias técnicas brutais, enquanto grupos coordenados através de redes sociais, como os Cidadãos Responsáveis, tendem a ter uma cultura mais encorajadora, e assim por diante. Há dois fatos universais, entretanto: para ser bem-sucedido na criação e na manutenção do valor público, um grupo precisa se defender das ameaças externas (como o eBay se defendendo das fraudes) e das ameaças internas (como os membros do Apache se defendendo da acusação de inércia). Como observou Bion, as ameaças externas recebem mais atenção, já que os grupos conseguem facilmente focalizar sua energia em inimigos externos, mas, quando se trata de manter um grupo de participantes voluntários comprometidos com a criação de valor compartilhado, as ameaças internas são muito mais sérias.

É fácil estimular um grupo com ideias de algum inimigo externo, mas, de fato, a mais provável fonte de distração de um objetivo compartilhado são os próprios membros com o mesmo objetivo. (Ironicamente, uma das maneiras mais fáceis de distrair um grupo como esse é fazê-lo se concentrar em inimigos externos, reais ou imaginários, em vez de em suas tarefas e seus interesses compartilhados). Como a maior ameaça para a ação de grupo é interna, os grupos voluntários precisam de gerenciamento para que os integrantes possam se defender de si mesmos; precisam de gerenciamento para criar um espaço no qual possam criar. A criatividade no lado pessoal ou comum do espectro demanda pouca coordenação desse tipo para sobreviver, mas, quanto mais o grupo quiser assumir difíceis problemas públicos ou cívicos, maiores serão as ameaças internas de distração e dissipação, e mais fortes precisarão ser as normas de gerenciamento.

Custos reduzidos abrem espaço para experimentação, as experiências criam valor, e esse valor cria um incentivo para que dele se beneficie. Se o incentivo levasse apenas a mais experimentação, então os custos reduzidos criariam um círculo virtuoso puro. Infelizmente, o incentivo a fazer uso de um valor experimental atinge pessoas que não tiveram nada a ver com sua criação e manutenção. Quanto maior e mais publicamente bem-sucedido for um projeto, mais as pessoas vão querer se apropriar desse valor sem dar nada em troca ou até mesmo querendo ver o fracasso do projeto.

Como um exemplo participativo que sofre desses círculos viciosos de diversas maneiras, considere a Wikipédia. Algumas pessoas atuam na Wikipédia para receber atenção. Shane Fitzgerald, um estudante de 22 anos de Dublin, adicionou uma citação falsa à página da Wikipédia sobre o compositor Maurice Jarre, que acabou se transformando em obituários de Jarre mundo afora.[18] Outras vezes, as pessoas querem alterar ou silenciar um ponto de vista do qual não gostam. Ao contrário da brincadeira de Fitzgerald, as páginas de Wikipédia sobre assuntos que vão de evolucionismo a islã, de Microsoft a Galileu, estão sob constante ameaça de pessoas que querem alterar significativamente ou remover seu conteúdo. Às vezes a apropriação é uma tentativa de capturar o valor financeiro, como quando as pessoas tentam editar os artigos da Wikipédia para incluir mensagens favoráveis a determinadas companhias ou remover partes desfavoráveis. Essa tensão entre o indivíduo e o grupo reflete os conflitos envolvidos em tirar proveito do excedente cognitivo para uso público e cívico.

A escolha que se precisa fazer é a seguinte: com a massa de nosso excedente cognitivo compartilhado, podemos criar uma Universidade Invisível – muitas Faculdades Invisíveis criando muitas formas de valor público e cívico – ou podemos ficar no Ensino Médio Invisível, no qual temos *lolcats*, mas não software aberto, e *fanfiction*, mas não progressos na pesquisa médica. O Ensino Médio Invisível já se difundiu, e nossa capacidade de participar de maneira a fornecer valor pessoal ou comum não está em perigo iminente. De acordo com a observação de Gary Kamiya sobre como é fácil conseguir o que se quer, sempre se pode usar a internet hoje para achar alguma coisa interessante para ler, assistir ou ouvir.

Criar valor público ou cívico real, contudo, requer mais do que publicar imagens divertidas. O valor público e cívico exige comprometimento e trabalho árduo do grupo central de participantes. Demanda também que esses grupos sejam autogerenciados e submetidos a restrições que os ajudem a ignorar distrações e a se manter concentrados em alguma tarefa sofisticada. Fazer uma Universidade Invisível significa dominar a arte de criar grupos que se comprometam a trabalhar fora do mercado e das estruturas de gestão existentes, a fim de criar oportunidades para o compartilhamento em escala planetária. Não é trabalho fácil, e seu progresso nunca é tranquilo. Como somos irreversivelmente comprometidos tanto com a satisfação individual quanto com a efetividade coletiva, os grupos comprometidos com o valor público ou cívico raramente são permanentes. Então, os grupos precisam adquirir uma cultura que recompense seus membros por fazer esse trabalho árduo. Esse tipo de esforço de grupo é necessário para termos o que precisamos, e não só o que queremos; entender como criar e manter isso é um dos grandes desafios da nossa época.

7. Procurando o mouse

Este livro é sobre um novo recurso, e sobre meios pelos quais a sociedade pode tirar proveito dele. Esse recurso não é só o nosso tempo livre acumulado, que se avolumou primeiro com as jornadas de trabalho semanais de quarenta horas e cresceu depois da Segunda Guerra Mundial, com populações maiores e mais saudáveis, com o aumento das oportunidades educacionais e com a difusão da prosperidade. Todo aquele tempo livre ainda não era um excedente cognitivo, porque nos faltavam os meios para usá-lo. De fato, mesmo com o acúmulo crescente de tempo livre no mundo desenvolvido, muitas das antigas estruturas sociais que nos uniam foram desmanteladas, tais como piqueniques, associações de vizinhos, campeonatos de boliche e compras feitas a pé. O naufrágio das opções participativas fez da gestão do nosso tempo livre um problema muito pessoal, e mais uma questão de gastá-lo do que de realmente usá-lo.

A atual transformação do tempo livre em excedente cognitivo tampouco se limita às novas ferramentas sociais. Embora a mídia que apoia a participação pública, o compartilhamento e a discussão seja uma novidade, apenas dispor dos meios para compartilhar, sem um motivo para isso, não significa muito. Qualquer atividade voluntária precisa oferecer oportunidades que toquem em alguma motivação humana real. Se eu dissesse a você que iria criar uma ferramenta para ajudar a associação de ex-alunos da sua faculdade a encontrar você com mais facilidade, você poderia não achar minha invenção grande coisa. Se, por outro lado, eu contasse que inventei uma ferramenta para que os próprios ex-alunos (também conhecidos como seus velhos amigos) façam contato com você, é possível que você considerasse a novidade de outra maneira. Como aprendemos com o surgimento de serviços de relacionamento social como o Facebook, o Twenty na Espanha ou o QQ na China, esse tipo de conexão é um dos mais populares de uso da mídia social no mundo.

A fusão de meio, motivo e oportunidade cria nosso excedente cognitivo a partir da matéria-prima do tempo livre acumulado. A verdadeira mudança vem da nossa consciência de que esse excedente cria oportunidades sem precedentes, ou de que cria uma possibilidade inédita para criarmos essas oportunidades uns para os outros. O baixo custo da experimentação e a imensa base de usuários em potencial significam que alguém com uma ideia que demandaria dezenas (ou milhares) de participantes pode agora tentar pô-la em prática a um custo extraordinariamente baixo, sem precisar pedir permissão a quem quer que seja.

Tudo isso já aconteceu. É novo e surpreendente, mas a mudança básica está completa. O que ainda não aconteceu, o que de fato é ainda uma questão aberta, é que benefício emergirá de nossa capacidade de tratar o excedente cognitivo do mundo como um recurso cumulativo e compartilhado. Considerando-se a explosão de comportamentos criativos e generosos, poderíamos supor que bons usos do excedente vão simplesmente acontecer. Isso é verdade, mas apenas em relação a uma parte dos usuários em potencial.

O mundo vem se tornando bem-provisionado com fontes de valor pessoal e comum, valor criado e captado principalmente pelos participantes. Na extremidade do espectro em que estão os *lolcats*, a atual experimentação não deverá parar tão cedo. Na extremidade cívica do espectro, entretanto, não podemos ter certeza de que novas formas de atividade socialmente benéficas vão simplesmente acontecer. Criar uma cultura participativa com benefícios maiores para a sociedade é mais difícil do que compartilhar fotos divertidas. Quanto dessa mudança social seremos capazes de compreender?

Os primeiros usos do excedente cognitivo mais visivelmente bem-sucedidos foram em comunidades técnicas de programadores de computador, nas quais os comportamentos colaborativos são bem-entendidos e as barreiras culturais à participação são poucas. Programadores que trabalham em projetos abertos como o Apache ou o Linux são, por definição, pessoas que veem a participação como algo positivo. Steve Weber, cientista político de Berkeley e um dos grandes cronistas do movimento de código aberto, diz em seu livro *The Success of Open Source* que nem o custo reduzido da colaboração nem a eventual qualidade técnica do produto podem explicar inteiramente a escolha de alguém em trabalhar num projeto de código aberto.[1] Em vez disso, um grupo central de programadores precisa ter "um conjunto de normas positivo ou uma potência ética em relação ao processo", o que quer dizer que precisa ter feito um julgamento profundo de que a produção social é a maneira certa de criar software. (Essa é uma versão prática das observações de Dominique Foray, no Capítulo 5, de que o valor da combinabilidade, o que os programadores produzem todos os dias, é fortemente afetado pela cultura.)

O modelo de código aberto para criação compartilhada se difundiu para muitos domínios não técnicos, desde dar carona até grupos de apoio a pacientes, mas a consciência cívica não flui automaticamente da cultura contemporânea. Um segmento cínico da sociedade considera ingênuas ou estúpidas todas as formas de participação amadora. (Meu lado adolescente entrou nessa linha do desdém enquanto pensava nos passatempos alheios.) É tentador imaginar uma ampla conversa a respeito do que nós, como sociedade, deveríamos fazer com as possibilidades e virtudes da participação.

Essa conversa jamais vai acontecer. Se você fizer uma busca na internet para "nós como sociedade", vai encontrar uma fileira de causas fracassadas, porque a sociedade não é o tipo de unidade que consegue ter conversas, chegar a decisões e partir para a ação. O valor cívico poucas vezes vem de repentinas conversas sociais; nem irrompe de ações individuais. Ele vem, em vez disso, do trabalho de grupos, pequenos no início, mas que depois crescem em tamanho e importância – o protótipo dos círculos colaborativos, das comunidades de prática e muitos outros padrões de grupo. Se quisermos criar novas formas de valor cívico, precisamos aumentar a capacidade dos grupos pequenos de tentar coisas radicais, a fim de que os novos inventores do PatientsLikeMe ou os próximos Cidadãos

Responsáveis possam se levantar e andar. É de grupos tentando coisas novas que os usos mais profundos da mídia social têm vindo até agora, e é de onde virão no futuro.

A fonte essencial de valor neste momento vem mais da ampla experimentação do que do domínio de uma estratégia, porque ninguém tem uma concepção completa, ou mesmo muito boa, de como vai ser a próxima grande ideia. Todos nós estamos passando pela desorientação que nasce da inclusão de 2 bilhões de novos participantes num panorama de mídia antes operado por um pequeno grupo de profissionais. Com tantas coisas que já mudaram, nossa melhor chance de encontrar boas ideias é ter o máximo possível de grupos tentando o máximo possível de coisas. O futuro não se estende por um caminho predeterminado; as coisas mudam porque alguém percebe algo que pode ser feito agora, e dá um jeito de fazer acontecer.

Paradoxo da revolução

O trabalho mais conhecido de Johannes Gutenberg é sua Bíblia de 42 linhas, um exemplo espetacularmente bonito do início da história da impressão. Mas esse não foi seu primeiro nem seu mais volumoso trabalho. (Ele imprimiu menos de duzentas cópias.) Essa honra fica mesmo com a impressão de indulgências.

Uma indulgência, na teologia católica, é uma forma de reduzir o tempo que uma pessoa passa no purgatório por pecados que já foram perdoados. Pecar, acreditam os católicos, aumenta o tempo pós-morte que você precisa esperar até ingressar no Paraíso. Indulgências são uma forma de reduzir essa espera, e a maneira de consegui-las é fazer doações à Igreja. A prática era vista com desconfiança em alguns círculos teológicos como uma troca de valor que parecia perigosamente muito próxima da compra, mas, enquanto a prática foi permitida, o desejo daqueles que as concediam e dos que as recebiam também existiu.

Na época de Gutenberg, uma indulgência era o registro escrito de uma transação, que também funcionava como um tipo de promissória que validava o futuro de seu portador. A Igreja delegava a determinadas pessoas o direito de reproduzir indulgências e coletar dinheiro em seu nome; o copista recebia pelo trabalho um percentual do valor da transação. ("O vendedor de indulgências" de Geoffrey Chaucer, é contado por um desses copistas.) Entretanto, a renda das indulgências era limitada pela velocidade com que podiam ser escritas à mão. O resultado era um desequilíbrio entre oferta e demanda; o mundo queria mais indulgências do que a Igreja podia fornecer.

Entra Gutenberg. Consegue um empréstimo para começar o negócio de imprimir indulgências,[2] e assim consegue aumentar drasticamente a oferta, expandindo tanto o mercado quanto sua própria fatia. Ele imprimiu indulgências, provavelmente aos milhares (poucas sobreviveram) antes de imprimir a Bíblia. (Uma fonte sugere que ele teve que imprimir suas primeiras Bíblias em segredo, pois já havia assegurado o empréstimo para o trabalho muito mais lucrativo das indulgências.) Se você visse a loja de Gutenberg em 1450, quando seu produto eram indulgências e Bíblias, poderia pensar que a prensa tipográfica foi feita sob medida para fortalecer a posição econômica e política da Igreja. E então algo engraçado aconteceu: o oposto.

A prensa de Gutenberg inundou o mercado. No começo de 1500, John Tetzel, o maior comerciante de indulgências dos territórios germânicos, costumava entrar numa cidade com uma coleção de indulgências já impressas, lançando-as com uma frase normalmente traduzida como "Quando nova moeda o cofre desce / Outra alma no Céu se enobrece".[3] O explícito aspecto comercial das indulgências, entre outras coisas, enfurecia Martinho Lutero, que em 1517 lançou um ataque à Igreja na forma de suas *Noventa e cinco teses*. Ele primeiro pregou as teses na porta de uma igreja em Wittenberg, mas algumas cópias logo foram feitas e amplamente disseminadas. A crítica de Lutero, junto com a difusão de Bíblias traduzidas em línguas locais, levou à Reforma Protestante, jogando a Igreja (e a Europa) numa crise.

A ferramenta que parecia destinada a fortalecer a estrutura social da época, em vez disso, acabou com ela. Do ponto de vista de 1450, a nova tecnologia parecia não fazer nada além de oferecer à sociedade da época uma forma mais rápida e barata de fazer o que já era feito. Em 1550, ficou evidente que o volume de indulgências tinha corrompido seu valor, criando uma "inflação de indulgências" – mais uma prova de que para uma sociedade a abundância pode ser um problema mais difícil de lidar, do que a escassez. Da mesma maneira, a difusão de Bíblias não era um caso de mais do mesmo, e sim de mais e melhor – o número de Bíblias produzidas aumentou a quantidade de tipos de Bíblia produzidos, com Bíblias baratas traduzidas em línguas locais enfraquecendo o monopólio interpretativo do clero, já que agora os fiéis podiam ouvir o que o livro dizia em sua própria língua, e cidadãos alfabetizados podiam lê-lo por conta própria, sem padres por perto. Em meados do século, a Reforma Protestante de Lutero havia prevalecido, e o papel da Igreja como força econômica, cultural, intelectual e religiosa pan-europeia chegava ao fim.

Esse é o paradoxo da revolução. Quanto maior a oportunidade oferecida pelas novas ferramentas, menos completamente alguém consegue projetar o futuro a partir da formação anterior da sociedade. Também é assim atualmente. As ferramentas de comunicação que temos agora, que apenas uma década atrás pareciam oferecer uma melhora no panorama da mídia do século XX, agora o estão desgastando rapidamente. Uma sociedade em que todo mundo tem algum tipo de acesso à esfera pública é diferente daquele tipo de sociedade em que os cidadãos se relacionam com a mídia como meros consumidores.

O começo da revolução da imprensa também nos faz lembrar que, no início da difusão de uma nova ferramenta, é muito cedo para dizer como (e onde e quanto) a sociedade vai mudar por causa de seu uso. Grandes mudanças podem ser lentas. Depois da distribuição inicial de indulgências, o volume maior de sua produção reduziu drasticamente seu valor. As mudanças pequenas podem se espalhar. As *Noventa e cinco teses*, pregadas numa única porta, foram reimpressas, traduzidas e outra vez reimpressas, espalhando-se amplamente. O que parece ameaçar a uniformidade, na verdade, cria diversidade. Como diz Elizabeth Eisenstein em *The Printing Press as an Agent of Change*, observadores da primeira cultura da impressão presumiram que a abundância de livros significaria mais pessoas lendo os mesmos poucos textos.[4] A imprensa parecia oferecer (ou ameaçar, dependendo do seu ponto de vista) um incremento da monocultura, já que um pequeno grupo de livros se tornaria o patrimônio literário compartilhado de um continente inteiro. Tal como aconteceu, a imprensa acabou enfraquecendo, em vez de fortalecer, a cultura intelectual mais antiga. Como cada leitor tinha acesso a mais livros, o resultado foi a diversidade intelectual, e não a uniformidade. Esse aumento na diversidade de fontes corroeu a fé nas instituições antigas. Quando um estudioso foi capaz de ler Aristóteles e Galeno lado a lado e ver que as duas fontes eram conflitantes, isso corroeu a fé inercial nos antigos. Se não podia confiar em Aristóteles, em quem você poderia confiar?

As mudanças de hoje têm algo daquele sentimento. Quando o público geral começou a usar redes digitais, a ideia de que todo mundo iria contribuir com alguma coisa para a esfera pública foi considerada contraditória à natureza humana (leia-se: comportamentos casuais do século XX). E, ainda assim, nosso desejo de nos comunicarmos uns com os outros se tornou um dos traços mais estáveis do ambiente atual. O uso de ferramentas que apoiam a expressão pública se transformou de pequeno em grande no espaço de uma década. O que parecia um novo canal para a mídia tradicional está na verdade mudando-a; o que parecia ameaçar a uniformidade cultural está na verdade criando diversidade.

A maioria dos adultos do mundo de hoje usa redes digitais, por computador ou telefone, e a maioria só começou a fazer isso na última década. Observadores da sociedade tiveram uma oportunidade sem precedentes de examinar o comportamento das pessoas em torno da adoção de ferramentas digitais, e o resultado é exatamente o que você esperaria do aparecimento de um novo e estranho meio: nós somos absolutamente terríveis em prever nosso próprio comportamento futuro. Pesquisa após pesquisa, na década de 1990, perguntou a usuários potenciais o que eles fariam com a internet caso tivessem acesso a ela, e as respostas mais comuns eram do tipo "Vou usá-la para achar informação", "Vou usá-la para me ajudar com meus deveres da escola", e por aí vai. Quando uma pesquisa perguntava a pessoas que já estavam on-line o que elas realmente faziam, as respostas eram muito diferentes. "Saber dos amigos e da família", "Compartilhar fotos com os outros", "Conversar com pessoas que têm os mesmos interesses que eu" e coisas assim apareciam no topo de toda lista. Como somos péssimos em prever o que vamos fazer com novas ferramentas de comunicação antes que as tentemos usar, essa revolução particular, assim como a da imprensa, está sendo conduzida por uma soma de experiências cujas ramificações nunca são claras à primeira vista. Consequentemente, criar o valor máximo a partir de uma ferramenta envolve não planos magistrais ou grandes saltos à frente, e sim constantes tentativas e erros. A questão principal para qualquer sociedade que esteja passando por essa mudança é como extrair o máximo desse processo.

A possibilidade de compartilhamento em larga escala – o compartilhamento maciço e contínuo entre vários grupos formados a partir de um total potencial de 2 bilhões de pessoas – já está se manifestando em muitos lugares, desde a globalização da caridade à lógica da educação superior e à condução de pesquisas médicas. A oportunidade que nós coletivamente compartilhamos, no entanto, é muito maior do que possa exprimir um livro cheio de exemplos, porque esses exemplos, sobretudo os que envolvem uma ruptura cultural significativa, poderiam acabar sendo casos especiais. Como em revoluções prévias impulsionadas pela tecnologia – seja o surgimento de uma cultura alfabetizada e científica a partir da difusão da imprensa ou a globalização econômica e social que se seguiu à invenção do telégrafo –, o que importa agora não são as novas capacidades que temos, mas como transformamos essas capacidades, tanto técnicas quanto sociais, em oportunidades. A pergunta que agora enfrentamos, todos nós que temos acesso aos novos modos de compartilhamento, é o que vamos fazer com essas oportunidades. A pergunta será respondida muito mais decisivamente pelas oportunidades que fornecermos uns para os outros e pela cultura dos grupos que formarmos do que por qualquer tecnologia em particular.

Aumentando as probabilidades

A primeira mídia a oferecer uma plataforma de distribuição para grupos de conversa foi um sistema de computador chamado Plato, lançado em Minnesota no início da década de 1960.[5] O sistema era lento e só permitia mensagens de texto, mas ainda assim oferecia uma interação humana real. Logo as pessoas começaram a utilizar esse experimento em educação eletrônica para todo tipo de experiências sociais possíveis dentro do espaço on-line: amigos (e inimigos) eram feitos, relacionamentos tinham início (alguns levavam ao casamento), discussões entre usuários surgiam, desapareciam e ressurgiam. O Plato foi o primeiro lugar onde todos esses efeitos puderam ser vistos em ambiente digital.

Muita coisa mudou na mídia social desde então – os computadores estão mais rápidos, os telefones, mais potentes, e as redes, melhores – mas, desde o Plato até hoje, há duas linhas de pensamento a respeito das ferramentas de comunicação para uso social que permanecem imutáveis. A primeira é que os usuários nunca se comportam exatamente como os criadores do sistema esperam ou desejam. Isso foi tão verdadeiro para o Plato quanto é para o Facebook. A segunda é que os observadores têm o desejo de dominar a complexidade criando uma receita para a formação de comunidades bem-sucedidas.

Infelizmente, não existe essa receita. Sistemas sociais são complexos, não apenas devido aos recursos de software ou mesmo às interações sociais, mas por causa do contexto social. O primeiro serviço de rede social não foi o Facebook em 2004 ou o Friendster em 2002, e sim um serviço chamado SixDegrees.com, lançado em 1996. O SixDegrees fracassou em seu propósito de se tornar uma rede social viável não porque sua tecnologia estivesse errada enquanto a do Friendster estava certa, mas porque em 1996 não havia um número suficiente de pessoas que se sentissem à vontade com a ideia de ter uma vida social on-line. Da mesma forma, o YouTube era apenas um dos muitos serviços de compartilhamento de vídeo em 2005, quando foi usado para compartilhar o popular vídeo musical "Lazy Sunday". Sejam quais forem as vantagens técnicas do YouTube sobre os concorrentes, o site se tornou sinônimo de compartilhamento de vídeo, em parte pela sorte de ter sido o servidor escolhido para hospedar aquele vídeo. Essa entrada para o sucesso foi mais impulsionada por usuários e acidental do que tecnológica e planejada.

Com softwares sociais, não há receitas infalíveis de sucesso. (Falo por amarga experiência própria, tendo participado da criação tanto de mídias sociais bem-sucedidas quanto de fracassadas.) E, ainda assim, aprendi algumas coisas sobre interação humana nas últimas décadas. O truque para a criação de novas mídias sociais é usar essas lições a seu favor, mais do que como um guia de instruções que garanta o sucesso. Com essa advertência, ofereço algumas dessas lições como caminhos para melhorar as probabilidades de sucesso no direcionamento do excedente cognitivo. Separei as observações em três categorias: como criar novas oportunidades; como lidar com o crescimento precoce; e como se adaptar quando os usuários nos surpreendem no meio do caminho.

Começando

Nunca conseguimos acertar interações sociais complexas de cara, mas errar, sim. A chave para começar bem é entender como o primeiro passo da mídia social é especial.

Comece pequeno

É fácil imaginar um serviço que será útil se um monte de gente o usar; difícil é criar um serviço que será útil quando apenas poucas pessoas o estiverem usando. Imagine o PickupPal com apenas cem usuários espalhados pela mesma área que o serviço abrange hoje – um motorista em Ottawa, um passageiro em Oslo, e assim por diante. Teria sido um desastre. A solução de seus criadores foi recrutar motoristas e passageiros primeiro em Ontário, mostrar que o serviço poderia funcionar e, depois, estendê-lo para outros lugares. Da mesma forma, o servidor Apache não começou com milhares de programadores trabalhando nele; iniciou com meia dúzia, e foi só quando essas pessoas fizeram algo que chamou a atenção que seu tamanho dobrou. Quando essas pessoas fizeram algo que chamou a atenção outra vez, seu tamanho voltou a dobrar.

Projetos que só funcionarão se crescerem muito em geral não crescem muito; pessoas com a ideia fixa de criar sucessos futuros de grande porte podem na verdade reduzir a possibilidade de criar os sucessos de pequeno porte aqui e agora que são necessários para chegar lá. A verdadeira lei natural nos meios de comunicação social é que, para chegar a um sistema que seja grande e bom, é muito melhor começar com um sistema pequeno e bom, e trabalhar para torná-lo maior, do que começar com um sistema grande e medíocre e trabalhar para torná-lo melhor.

Pergunte "Por quê?"

Cada indivíduo tem motivações diferentes para fazer coisas, e essas motivações geram diferentes lógicas de participação. Algumas funcionam bem juntas (competência e associação são ambas recompensadas pela participação num círculo colaborativo; autonomia e generosidade são ambas recompensadas pela criação de softwares de código aberto). Algumas podem ter objetivos conflitantes (a autonomia pode estar em choque com a sociedade; fazer algo sozinho gera sempre um sentimento diferente de fazer algo com os outros). Algumas podem até excluir outras (pagar usuários para vender coisas entre si, como na Amway ou na Avon, pode excluir motivações intrínsecas de participação).

Mesmo sabendo o que são motivações intrínsecas, não podemos prever como as pessoas reagirão a uma determinada oportunidade. Por que os usuários se importariam com uma oportunidade específica, considerando-se todas as outras coisas em que poderiam estar usando seu tempo? Novas ideias parecem mais claras e obviamente melhores para os fundadores e os programadores de um serviço do que para potenciais usuários, e os programadores podem sem dificuldade imaginar usuários felizes agindo de uma maneira que corresponda às suas metas. (Você se lembra de Hank, o Anão Bêbado Zangado?) Os programadores desses serviços precisam se colocar na posição do usuário e observar com olho crítico aquilo que o usuário evita, sobretudo quando a motivação do programador difere da motivação do usuário.

O comportamento acompanha a oportunidade

Comportamento é a motivação filtrada pela oportunidade. Mesmo depois de decidir por que os usuários se interessarão em participar de seu novo serviço, você precisa lhes dar uma oportunidade de fazer isso de uma forma que possam compreender e se importar. Isso é difícil, porque você não pode apenas lhes apresentar um potencial genérico. Todos os usuários de mídias sociais já sabem criar alguma coisa on-line, seja um texto, uma foto ou um vídeo, e podem participar de quaisquer comunidades dedicadas à discussão de assuntos que lhes interessam. Considerando esse mar de oportunidades, você precisa dar a seus usuários algo específico, que recompense as motivações intrínsecas deles, tanto as pessoais (como autonomia e competência) quanto as sociais (como sociedade e generosidade).

Como Joshua Porter, designer de mídia social que escreve no influente blog Bokardo, explica aos seus clientes: "O comportamento que você está vendo é o comportamento que você planejou."[6] Os usuários só se beneficiarão das oportunidades que compreenderem e que parecerem interessantes ou valiosas. Porter está na verdade dizendo a seus clientes: não importa quanto você queira que seus usuários se comportem de uma determinada maneira. O que importa é como eles reagem às oportunidades que você lhes dá. Se quiser um comportamento diferente, você tem que oferecer oportunidades diferentes.

Padrão para o social

Em 2003, um serviço chamado Delicious.com oferecia aos usuários uma forma de salvar páginas que encontrassem na web, podendo adicionar marcadores e notas para organizá-las. O Delicious criava valor para seus usuários de duas maneiras. Primeiro, permitia que cada usuário encontrasse e guardasse determinadas páginas da web, e, segundo, permitia que todos eles visualizassem a coleção de páginas guardadas uns dos outros. O serviço cresceu depressa, passando de dezenas a milhões de usuários num prazo de dois anos. No entanto, armazenar listas de páginas da web não era uma novidade. Em 1990, uma empresa chamada Backflip.com oferecia o mesmo serviço; mas, ao contrário do Delicious, o Backflip não conseguiu atrair um número significativo de usuários.

Então, qual foi a diferença? O Backflip.com pressupunha que a utilidade pessoal era de extrema importância; ele oferecia aos usuários a opção de compartilhar seus marcadores, mas os usuários precisavam optar por isso, o que poucos fizeram. O Delicious, por sua vez, não oferecia essa opção; todos os seus marcadores sempre foram compartilhados. (Mais tarde, foi acrescentada a opção de marcadores privados, mas só depois de se ter alcançado sucesso como serviço "apenas público".) Como Kevin Kelly observou em seu artigo "Triumph of the Default" (ver Capítulo 4), o uso cuidadoso dos *defaults* (valores-padrão) pode determinar como os usuários se comportam, porque eles transmitem alguma expectativa (a expectativa precisa ser algo que os usuários fiquem felizes em seguir). O Backflip concentrava-se nos valores pessoais e pressupunha que o valor social fosse opcional. O Delicious, por outro lado, fez do valor social o *default*. Ao pressupor que os usuários ficariam felizes por criar algo de qualidade uns para os outros, o Delicious cresceu depressa, já que o valor social atraiu novos usuários, e seu uso subsequente do serviço criou ainda mais valor social.

Crescendo

Sistemas sociais crescem de duas formas: dinâmica e inativa. Mesmo os sistemas sociais estáveis são apenas relativamente estáveis, pois os usuários estão em constante interação uns com os outros e com o sistema. Um dos grandes desafios desses sistemas, sobretudo no início, é administrar a dinâmica do crescimento.

Cem usuários são mais difíceis do que doze e mais difíceis do que mil

É fácil ver como uma rede social com apenas uma dúzia de usuários poderia funcionar bem. Todos os usuários poderiam ter voz ativa, poderiam saber algo sobre a personalidade e as peculiaridades uns dos outros e poderiam confiar no pequeno tamanho do grupo para evitar discussões públicas desagradáveis. Também é fácil imaginar uma rede social com milhares de usuários. Ter tantos usuários daria a um serviço todos os tipos de participantes: extremamente ativos e completamente passivos, incentivadores e críticos, contestadores e pacificadores, e assim por diante. Em meio a todas as interações individuais e aparentemente caóticas, entretanto, os usuários desses sistemas na verdade exibem uma surpreendente continuidade de compromisso.

É surpreendentemente difícil, porém, operar entre a escala íntima de uma dúzia e a escala pública de milhares ou mais. Essa escala média, algo como uma centena de pessoas, é em geral grande demais para ser operada como um grupo único, mas pequena demais para se tornar socialmente autossustentável. Isso marca de forma aproximada a transição de uma participação relativamente equilibrada para uma drasticamente desequilibrada. O participante de um grupo de médio porte muitas vezes se sente péssimo, pois não encontra o prazer da intimidade de um grupo pequeno nem as vantagens da escala urbana e da diversidade.

O número cem é muito mais uma orientação do que uma regra; diferentes serviços transitam entre diferentes tamanhos, mas as mudanças de escala geralmente acontecem em sistemas sociais. A transição-chave é relativa à cultura. Um pequeno grupo em que todos se conhecem pode se basear nas particularidades de cada um para tratar seus assuntos, enquanto um grupo maior terá algum tipo de cultura preexistente que os novos usuários adotarão. É na transição entre essas duas escalas que a cultura se estabelece. (Ao alinhar as ações e os pressupostos dos membros, mesmo quando eles não se conhecem, a cultura é uma maneira de controlar a crescente complexidade dos grandes grupos.) Uma vez estabelecida a cultura, seja ela útil ou duvidosa, tolerante ou cética, é muito difícil mudar.

O segredo é recrutar, como as primeiras dezenas de usuários, pessoas que incorporem as normas culturais corretas, com o cuidado de observar que o que torna correto um conjunto de normas difere de lugar para lugar. Um projeto técnico como o Apache precisará de primeiros usuários com talento técnico e vontade de argumentar; um projeto social como o Cidadãos Responsáveis precisará de modelos positivos, e assim por diante. Nenhum tipo de usuário e nenhum tipo de cultura são os mais indicados para todos os ambientes, mas qualquer cultura que se tenha definido quando você chegar a cem usuários tem boas chances de permanecer atuante quando você chegar a mil (ou 1 milhão).

Pessoas divergem. Mais pessoas divergem mais

O século XX nos inculcou "o mito da audiência", a noção de que as pessoas são em geral as mesmas e que qualquer grande grupo de leitores, ouvintes ou telespectadores é um amontoado de consumidores relativamente uniforme. (Sob esse ponto de vista, saber se alguém é um garoto adolescente ou uma mulher de meia-idade constitui uma distinção altamente refinada.) O mito da audiência ainda se aplica a alguns lugares, mas isso aconteceu em grande parte por acaso.

Os comportamentos das pessoas como consumidoras, quando elas têm um estreito leque de escolhas, realmente convergem. Quando os canais de mídia são limitados e o custo de produção é alto, a representação dos interesses é limitada. Mas quando qualquer um pode criar mídia, e a mídia ajuda a coordenar a audiência futura, a ordem de interesses é vertiginosa. (Podemos chamar isso de princípio de Mirzoeff, segundo meu colega da Universidade de Nova York mencionado no Capítulo 3, que observou "toda a gama louca" de interesses que podemos hoje encontrar na rede, se os procurarmos.)

Nos sistemas de transmissão, quanto maior o grupo, mais o comportamento converge para algum tipo de média; em sistemas participativos, "média" é um conceito quase inútil. O comportamento dos membros mais ativos e menos ativos diverge enormemente à medida que o universo cresce. Quanto maior o sistema social, mais acentuada é a diferença entre os participantes mais ativos e os menos ativos. Em grupos pequenos, todos podem participar mais ou menos da mesma maneira, mas em grandes sistemas, emergem um grupo central e um grupo periférico (o padrão de círculos colaborativos). Quanto maior o sistema, maior a diferença no envolvimento entre os membros centrais e os periféricos. Grandes populações têm maior multiplicidade de comportamentos do que as pequenas, fazendo com que a ideia de "um usuário médio" seja cada vez menos útil à medida que o sistema cresce.

Quem cria ou administra uma rede social não pode insistir numa participação igual ou universal; isso não funcionará, a menos que seja mantida uma população participativa pequena. Em vez disso, o serviço pode se beneficiar dessa divergência oferecendo diferentes níveis de envolvimento para diferentes usuários. A Wikipédia oferece a seus potenciais participantes a possibilidade de fazer muito, escrevendo ou editando à vontade, mas também pouco. Se você corrigir um erro de ortografia e nunca mais fizer coisa alguma na Wikipédia, isso ainda tem mais valor do que se você nunca o tivesse corrigido. A Wikipédia facilita ao máximo a execução dessas pequenas mudanças, nem ao menos exigindo que os usuários criem uma conta antes de começar a editar. Esse baixo requisito para a participação promove o acúmulo de unidades de valor menores – ninguém criaria uma conta só para corrigir um único erro de ortografia. Ao tornar mínimo o tamanho da menor contribuição possível, e tornando também pequeno o requisito para a realização dessa mudança, a Wikipédia maximiza as contribuições através de uma enorme gama de participações. Isso não teria dado certo se a participação de amadores fosse limitada, mas funciona de forma admirável com uma coletividade de participantes constituída por gente do mundo inteiro.

Intimidade não conta

Você pode oferecer um jantar íntimo para seis pessoas, mas não para sessenta. Mais é diferente, e é em cenários sociais que essa diferença se expressa na lógica de conjuntos. Num grupo pequeno, cada um deve estar intimamente conectado a todos os outros. Mas, à medida que o sistema cresce, essa possibilidade desaparece; ou os participantes se transformam em audiência ou se reúnem em grupos pequenos e superpostos que preservam alguma intimidade.

Numa audiência, todos veem a mesma coisa; em larga escala, mesmo os sites que parecem oferecer a possibilidade de interação são na verdade pouco mais do que escoadouros de transmissão, com uma fina camada participativa. A coluna "Sound Off" do CNN.com permite que os leitores comentem seus artigos. O site tem milhões de leitores, mas a maioria dos artigos gera apenas poucas dezenas de comentários; e alguns raros geram centenas. Mais de 99% do público não participa, apenas consome, e a maioria dos que deixam comentários se queixa mais do que conversa. Esse modelo difere da mídia pública anonimamente consumida no século XX, mas não muito.

No outro extremo, alguns serviços com milhões de participantes permitem que eles se reúnam em vários grupos menores e socialmente mais densos. O Yahoo.com hospeda milhões de listas de discussão nas quais dezenas de milhões de pessoas se inscrevem, mas, ou as pessoas estão nas listas ou não estão – os limites em torno dos grupos individuais são claramente definidos. Poucos desses milhões de usuários pensam em si mesmos como parte de uma comunidade maior do Yahoo, mesmo que o Yahoo seja o seu hospedeiro. Sua lealdade é para com o conjunto local de pessoas em sua lista.

O Facebook está no meio desse espectro entre audiência e agrupamento. O Facebook não tem um centro único, como o CNN.com, nem um conjunto de fronteiras bem-definidas, como as listas de e-mail. Em vez disso, ele tem horizontes sociais que se desdobram. O Facebook diz que tem mais de 300 milhões de usuários, mas nenhum deles tem a experiência de pertencer a um grupo de 300 milhões. Em vez disso, os usuários do Facebook se juntam em grupos muito menores, com dezenas de amigos. Esses agrupamentos são consideravelmente mais envolvidos uns com os outros do que qualquer amostra aleatória da audiência da CNN (ou dos comentaristas da CNN), mas também são consideravelmente menos envolvidos do que os membros de uma pequena lista de e-mail.

Todo serviço que queira direcionar o excedente cognitivo em grande escala enfrenta esses problemas de escolha. Você pode ter um grupo grande de usuários. Você pode ter um grupo ativo de usuários. Você pode ter um grupo de usuários com todos prestando atenção à mesma coisa. Escolha dois, porque você não pode ter os três ao mesmo tempo.

Apoie uma cultura de apoio

A empresa ferroviária americana Amtrak possui em muitos de seus trens o aviso "vagão silencioso". As regras são bastante autoexplicativas: não ouvir música sem fones de ouvido, não falar alto e não falar ao celular. É na última regra que as pessoas tropeçam.

Homens de negócios (na minha experiência, são sempre homens) violam essa regra com alguma regularidade, ou por não saber que estão num vagão silencioso ou por esquecimento, ao pegar o telefone num ato reflexo. É extraordinário como os outros passageiros reagem rápida e abertamente, pedindo silêncio aos transgressores em alguns segundos. Eles chegam a ter prazer em policiar as regras do vagão silencioso, o mesmo efeito observado no Jogo do Ultimato, quando os participantes se dispõem a empregar recursos para punir proponentes mesquinhos. Considerando-se os muitos exemplos de grosseria e uso do telefone celular em público, o que há de especial no vagão silencioso? É que os passageiros sabem que podem pedir ajuda.

O silêncio no vagão silencioso é um dos problemas de recursos coletivos de Elinor Ostrom. Os passageiros estão dispostos a policiar, eles mesmos, as regras, pois sabem que, se surgir uma discussão, o condutor aparecerá e fará com que a lei seja cumprida. A visível disposição para que se façam cumprir as regras, em outras palavras, na verdade reduz a carga de energia que as pessoas que operam o trem precisam gastar com policiamento, pois os passageiros se dispõem a coordenar uma reação entre eles mesmos, sabendo que podem contar com um apoio previsível.

(Um dos exemplos mais simples deste padrão na web é o JavaRanch, um site para pessoas aprenderem a linguagem de programação Java; uma das regras para os participantes do site diz, na íntegra, "Seja gentil".)[7]

Adaptando

Ninguém faz certo da primeira vez. A Wikipédia nasceu das cinzas de uma tentativa anterior fracassada de criar uma enciclopédia on-line chamada Nupedia. O Twitter foi criado para uso em telefones celulares, então foi reformulado para um uso maior na web e depois seu uso explodiu com a disseminação dos smartphones. Se usos bem-sucedidos do excedente cognitivo precisassem de programadores para fazê-los dar certo da primeira vez, você poderia contar os sucessos nos dedos de uma só mão. Em vez disso, o imperativo é aprender com o fracasso, adaptar e reaprender.

Quanto mais depressa você aprende, mais rápido consegue se adaptar

As possibilidades de aprendizado contínuo com as redes sociais são incríveis. Quando o serviço de compartilhamento de fotos Flickr.com estava testando novas funcionalidades mais ativamente, o software era, às vezes, atualizado a cada meia hora, numa época em que as atualizações de softwares tradicionais eram lançadas uma vez por ano.[8] O Meetup.com, o serviço que ajuda pessoas a se reunir em grupos de afinidades dentro de suas comunidades locais, mantém seus programadores observando as pessoas que tentam utilizar seu serviço todos os dias, em vez de ter um grupo de foco a cada seis meses.[9]

No século XX, as organizações usavam todos os tipos de representações de medidas para estudar o que seus clientes, consumidores ou usuários estavam fazendo, coisas como grupos focais e pesquisas. Esses métodos ajudavam a compreender diretamente as motivações do usuário, mas grande parte das dificuldades de compreensão desapareceu. As empresas fracassam, na maioria das vezes, ao aprender com seus usuários devido à predisposição de considerar a humanidade como composta de "malandros/bichos-preguiça", mas usos bem-sucedidos do excedente cognitivo mostram como transformar as oportunidades em oferta, em vez de se preocupar em como transformar os usuários.

O sucesso gera mais problemas do que o fracasso

O fracasso absoluto, sempre uma possibilidade com as novas mídias sociais, é, pelo menos, uma situação definida. As verdadeiras dificuldades de longo prazo vêm do sucesso, pois serviços bem-sucedidos aumentam as expectativas e atraem pessoas que querem se aproveitar da boa vontade alheia (fazendo coisas como mandar spam) ou ver o projeto fracassar (como é o caso da empresa de ônibus que processou o PickupPal.com para obrigar o serviço a acabar). Uma possível solução é planejar com antecedência, a fim de estar preparado para esses tipos de problema.

Na vida real, essa estratégia é surpreendentemente falha. Quem quer que esteja desenvolvendo uma nova oportunidade de ação social precisa compreender os limites do planejamento: o planejamento não substitui completamente a experiência. Como planos podem falhar de muitas maneiras e como os usuários nunca se comportam como você espera, a quantidade de problemas em potencial é quase ilimitada. No entanto, a defesa prévia contra todos os problemas imagináveis tornará as coisas complicadas para os usuários e difíceis de manter; em casos extremos, a prevenção de todo possível uso indevido impede também qualquer uso possível. Mesmo que alguém de algum modo se defendesse previamente contra todos os problemas imagináveis, ainda enfrentaria os problemas inimagináveis.

Como disse uma vez Brewster Kahle, um empresário da tecnologia serial: "Se quiser resolver grandes problemas, tenha grandes problemas."[10] Defender-se das possíveis ramificações do sucesso gera retornos cada vez menores. Como regra geral, é mais importante tentar algo novo e lidar com os problemas quando eles surgirem do que descobrir uma maneira de fazer algo novo sem ter quaisquer problemas.

Clareza é violência

Sabemos muito pouco a respeito de tirar proveito de novas formas de participação, então por que não dizemos logo às pessoas o que o serviço fará se elas o escolherem e lhes damos o caminho das pedras? Em vez de construir bons modelos, que é uma maneira lenta e dolorosa de mudar uma cultura, por que os Cidadãos Responsáveis não começaram logo com um contrato? "Vamos limpar as ruas do mercado em Lahore, e com isso tornaremos o Paquistão um lugar melhor. Ao assinar aqui, você concorda em se apresentar em Anarkali e limpar das 10h às 14h de sábado."

Colocado dessa forma, é bem fácil ver por que construir algo a partir das motivações intrínsecas e do tempo livre das pessoas é um trabalho lento e incerto. Cultura não se cria por decreto. (Muito pouco, no âmbito do excedente cognitivo, pode ser feito por decreto.) Mas o desafio não é apenas ter algo feito; é criar um ambiente no qual as pessoas queiram fazê-lo. Grupos de trabalho tendem a exigir um gerenciamento maior à medida que crescem, em parte porque, quanto maior é um grupo, mais tensão pode haver entre dois membros quaisquer, e maior é o desequilíbrio de poder entre qualquer membro e o grupo como um todo. Mesmo as comunidades que acabam tendo um monte de regras e exigências não começam com elas. Resolver os problemas à medida que eles surgem significa não tomar atitudes até que seja necessário.

David Weinberger, um colega do Berkman Center for Internet and Society de Harvard, resumiu bem essa questão num discurso em 2004 sobre grupos e controle: *clareza é violência*.[11] Para usar uma analogia histórica, os Estados Unidos foram fundados em 1776, mas o país em que os cidadãos americanos de hoje de fato vivem foi fundado em 1787, ano em que foi escrita a segunda (e atual) constituição. O primeiro texto foi escrito quando as treze colônias originais não podiam imaginar abrir mão de grande parte da sua soberania para participar de uma federação maior de estados, então, na década de 1770, o país era mais um conjunto disperso de entidades concorrentes do que uma nação.

No final da década seguinte, a falta de responsabilidade mútua estava enfraquecendo claramente a união, então uma nova constituição foi elaborada, obrigando os estados a contribuir para a defesa nacional e proibindo-os de erguer barreiras comerciais, para citar apenas duas das muitas novas restrições. Essa constituição funcionou, e, embora tenha sido modificada diversas vezes nos dois séculos após a ratificação, a continuidade entre aquela época e agora permanece ininterrupta. Apesar do grande valor da constituição de 1787, ela não poderia ter sido promulgada em 1777, porque os estados não estariam dispostos a se submeter tanto uns aos outros sem uma década adicional de experiência. Grupos só toleram controle, que é por definição um conjunto de restrições, depois que um valor suficiente é acumulado, a ponto de fazer o fardo valer a pena. Como esse valor só se constrói ao longo do tempo, o fardo das regras precisa segui-lo, e não conduzi-lo.

Tente qualquer coisa. Tente tudo

The Elements of Style (popularmente conhecido como Strunk and White) é um livro fino que expõe regras para escrever bem.[12] Mas no final do livro há esta observação: os melhores escritores às vezes desprezam as regras. O discurso de Abraham Lincoln em comemoração pela Batalha de Gettysburg, um prodígio de clareza e concisão, começa com as célebres palavras "Duas vezes quatro décadas e sete anos atrás". Essa construção já era arcaica naquela época, mas estava em perfeita sintonia com a intenção de Lincoln para o discurso.

A mesma tensão entre regras e intenção existe nas mídias sociais; as regras são de fato uma defesa para os serviços, destinadas a delinear os limites e oportunidades característicos, mas serviços sociais operacionais também têm uma lógica interna que importa mais do que qualquer prescrição. Como as ferramentas sociais que temos agora podem moldar o discurso político e a ação cívica, as pessoas que as projetam e utilizam aderiram à ala experimental da filosofia política. O leque de oportunidades que podemos criar uns para os outros é tão amplo e tão diferente do que era a vida até pouco tempo, que nenhuma pessoa ou grupo, e nenhum conjunto de regras ou normas, é capaz de descrever todos os casos possíveis. O único grande indicador de quanto valor extraímos do nosso excedente cognitivo é quanto permitimos e encorajamos uns aos outros a experimentar, porque o único grupo que pode tentar tudo é todo mundo.

Três maneiras de administrar uma revolução

Quando uma nova tecnologia surge, ela precisa estar de algum modo integrada à sociedade. Pode ser algo menor (como ligações de longa distância baratas e aparelhos de fax mais rápidos) ou algo importante (como a prensa de tipos móveis e telefones). Novas possibilidades importantes sempre geram alguma reestruturação na sociedade, pois tanto a chegada do novo meio de comunicação quanto o término de antigos limites alteram o nosso tecido conjuntivo. Quanto maior é a diferença entre velhas e novas possibilidades, menor é a probabilidade de que antigos comportamentos permaneçam inalterados. Organizações que contavam com um incontestável acesso ao discurso público ou ações coordenadas não desaparecerão, mas a concorrência com grupos amadores e desorganizados vai alterar sua importância relativa. A questão aberta à sociedade é como administrar as mudanças sociais, e até mesmo as reviravoltas, que chegam com as novas possibilidades.

Quando o telefone surgiu, alguns recearam que ele pudesse gerar menos formalidade entre os sexos, porque as mulheres poderiam conversar com homens a quem não tivessem sido devidamente apresentadas.[13] Esse temor do caos social tinha razão de ser. O telefone realmente ajudou a antecipar de forma significativa a relação menos formal entre homens e mulheres (mudança que mais tarde foi ampliada com a chegada daquela "alcova sobre rodas", o automóvel). É difícil imaginar o que a população de meados do século XIX faria com a natureza das atuais relações entre os sexos.

Observando o que aconteceu com a sociedade durante o início das revoluções dos meios de comunicação – a prensa móvel, o telégrafo, o telefone celular –, podemos perguntar: o que *deveria* acontecer? Qual é o caminho ideal para que uma nova tecnologia seja integrada a nossa sociedade?

Vamos dividir esse problema em alguns cenários diferentes. O primeiro seria "Caos Até Não Suportarmos Mais": permitiríamos que qualquer revolucionário tentasse tudo que quisesse com as novas tecnologias, sem se preocupar com normas culturais ou sociais existentes ou com danos potenciais causados às atuais instituições sociais. O segundo seria "Aprovação Tradicionalista": o destino de qualquer nova tecnologia seria colocado nas mãos das pessoas responsáveis pelo modelo atual. Seria como deixar que os monges decidissem como usar a prensa móvel ou que os correios resolvessem o que fazer com os e-mails. O terceiro cenário – vamos chamá-lo de "Transição Negociada" – admitiria uma conversa equilibrada entre radicais e tradicionalistas: os radicais proporiam utilizações para as novas tecnologias e em seguida negociariam com os tradicionalistas sobre como tirar proveito do novo, preservando o melhor do antigo.

Assim exposta, a terceira opção parece ser a mais indicada. Quero agora tentar convencê-lo de que a resposta certa é, na verdade, a primeira, "Caos Até Não Suportarmos Mais".

O segundo cenário, "Aprovação Tradicionalista", seria um desastre total para a sociedade; se os beneficiários da antiga tecnologia tivessem o poder de veto, eles literalmente exterminariam a inovação, embora nem sempre por interesse pessoal. Alguém que trabalhe na agência dos correios pode acreditar verdadeiramente que as cartas manuscritas são superiores às cartas escritas em forma de e-mail. Essa pessoa, de convicção profunda e real, deseja limitar o uso de e-mail com o intuito de preservar a forma mais antiga de valor, assim como, há cem anos, fabricantes de carruagens puxadas por cavalos se opuseram à criação de Henry Ford baseados no fato (outra vez corretos) de que os automóveis são muito mais perigosos do que os cavalos.

A preferência por sistemas existentes é boa, pelo menos em períodos de estabilidade tecnológica. Quando alguém dirige uma livraria, uma redação de jornal ou uma estação de TV, é importante que essa pessoa pense em seu trabalho como crucial para a sociedade, mesmo que não seja. Esse tipo de compromisso é bom para o moral e leva as pessoas a defender instituições úteis e valiosas.

No entanto, essa habilidade intelectual se transforma em desvantagem em tempos de revolução, justamente porque as pessoas profundamente comprometidas com soluções ultrapassadas não conseguem ver como a sociedade se beneficiaria de uma abordagem incompatível com os modelos antigos. Paradoxalmente, conforme já vimos, pessoas comprometidas com a solução de um problema específico também se comprometem em manter esse problema, a fim de preservar suas soluções viáveis. Não podemos pedir àqueles que operam sistemas tradicionais para avaliar uma nova tecnologia por seus benefícios radicais; indivíduos comprometidos com a manutenção do sistema atual tendem, como grupo, a ter dificuldade em valorizar tudo que produz ruptura.

Enquanto isso, mesmo no cenário de "Caos Até Não Suportarmos Mais", os radicais não seriam capazes de realizar mais mudanças do que podem imaginar os membros da sociedade. Temos internet há quarenta anos, mas o Twitter e o YouTube existem há menos de cinco anos, não porque a tecnologia não estivesse presente antes, mas porque a sociedade ainda não estava pronta para aproveitar essas oportunidades. O limite máximo para "Caos Até Não Suportamos Mais" é, portanto, o tempo e a energia necessários para a difusão social. Ideias novas tendem a se disseminar lentamente ao longo dos caminhos sociais; difusão social não diz respeito apenas ao tempo decorrido, mas também ao modo como a cultura afeta a utilização de novas ideias. A adoção de ferramentas sociais sempre traz surpresas; o Ushahidi.com foi inventado para controlar a violência, porém mais tarde foi utilizado para monitorar as eleições; a Wikipédia foi elaborada como uma enciclopédia, mas também se tornou fundamental para divulgar notícias globais. Questões culturais e contextuais são empregadas na difusão de toda tecnologia em alguma medida, mas principalmente na tecnologia das comunicações, já que o tecido conjuntivo varia de acordo com o tipo de sociedade a ser ligado e o tipo de sociedade varia de acordo com seu tecido conjuntivo.

Os radicais seriam incapazes de prever corretamente as eventuais ramificações, pois tendem a exagerar a importância do novo sistema e porque não teriam a capacidade de imaginar outros usos para as novas ferramentas. Isso também inutiliza o cenário de "Transição Negociada".

Proponentes do novo e defensores do antigo não podem simplesmente discutir a transição, porque cada grupo tem desvios sistemáticos que tornam sua visão global inconfiável; radicais e tradicionalistas partem de pressupostos diferentes e, em geral, acabam falando uns sobre os outros. A verdadeira transição negociada só pode acontecer se for permitido aos radicais tentar de tudo, porque, considerando-se sua incapacidade de prever o que acontecerá, e considerando-se as funções naturais de entrave da difusão social, a maioria das ideias irá falhar. A negociação que importa não acontece entre radicais e tradicionalistas; em vez disso, tem a ver com os cidadãos da sociedade mais ampla, o único grupo que pode legitimamente decidir como quer viver, dada a nova gama de possibilidades.

Procurando o mouse

Nosso ambiente de mídia (ou seja, nosso tecido conjuntivo) mudou. Num histórico piscar de olhos, passamos de um mundo com dois modelos diferentes de mídias – transmissões públicas por profissionais e conversas privadas entre pares de pessoas – para um mundo no qual se mesclam a comunicação social pública e a privada, em que a produção profissional e a amadora se confundem e em que a participação pública voluntária passou de inexistente para fundamental. Esse foi um grande negócio, mesmo quando as redes digitais eram utilizadas apenas por uma elite de cidadãos abastados, mas agora está se tornando um negócio muito maior, já que a população conectada se espalhou globalmente e cruzou a marca de bilhões.

As pessoas do mundo, e as conexões entre nós, fornecem a matéria-prima para o excedente cognitivo. A tecnologia continuará a melhorar, assim como a população continuará a crescer, mas a mudança em direção a uma maior participação já aconteceu. O mais importante agora é a nossa imaginação. As oportunidades diante de nós, individual ou coletivamente, são gigantescas; o que fazemos com elas será determinado em grande parte pela forma como somos capazes de imaginar e recompensar a criatividade pública, a participação e o compartilhamento.

Para aqueles de nós com mais de quarenta anos, exercer esse tipo de imaginação requer um esforço consciente, porque é muito diferente de quando éramos pequenos. Na Universidade de Nova York, onde leciono, preciso ver o mundo através dos olhos dos meus alunos, ao ouvi-los falar, ao ler o que escrevem e ao ver o que fazem. Isso me dá alguma noção de como o mundo aos 25 anos é visto, e ele parece muito diferente (e na maioria das vezes melhor) do mundo em que cresci. Mas o potencial para uma mudança realmente radical pode ser ainda mais bem-ilustrado através dos olhos das crianças.

Eu jantava com um grupo de amigos, falando sobre nossos filhos, e um deles contou uma história que acontecera quando assistia a um DVD com sua filha de quatro anos. No meio do filme, sem razão alguma, a menina pulou do sofá e correu para trás da TV. Meu amigo achou que a filha quisesse ver se as pessoas do filme estavam realmente lá. Mas não era isso que ela estava fazendo. Ela começou a mexer nos cabos atrás da tela. Então o pai perguntou: "O que você está fazendo?" A menina esticou a cabeça e disse: "Procurando o mouse."

Eis aqui algo que as crianças de quatro anos já sabem: numa tela sem mouse, falta alguma coisa. Elas também sabem algo mais: a mídia da qual somos o alvo, mas que não nos inclui, não merece ser tolerada. Essas coisas me fazem acreditar que o tipo de participação que estamos vendo hoje, num punhado razoável de exemplos, vai se espalhar por todos os lugares e se tornar a espinha dorsal de suposições sobre como nossa cultura deveria funcionar. Crianças de quatro anos, com idade suficiente para começar a absorver a cultura em que vivem, mas com pouca consciência de seus antecedentes, não precisarão, mais tarde, perder tempo tentando desaprender as lições de uma infância passada assistindo à *Ilha dos Birutas*. Compreenderão simplesmente que a mídia inclui possibilidades de consumir, produzir e compartilhar lado a lado, e que essas possibilidades estão abertas a todos. De que outra forma você faria isso?

A explicação da garotinha se tornou meu lema para o que podemos imaginar do nosso mundo recém-conectado: estamos procurando o mouse. Procuramos todos os lugares em que um leitor, um telespectador, um paciente ou um cidadão tenha sido privado de criar e compartilhar, ou tenha vivido uma experiência de dependência passiva ou prisão, e perguntamos: "Se conseguíssemos um pouco do excedente cognitivo e o implantássemos aqui, poderíamos fazer acontecer algo de bom?" Aposto que a resposta é sim, ou poderá ser sim, se dermos uns aos outros a oportunidade de participar e nos recompensarmos mutuamente por tentar.

Agradecimentos

Este livro existe porque Jennifer Pahlka não aceitou um não como resposta quando insistiu que eu desse uma palestra sobre algo novo assim que eu terminei a divulgação do livro *Here Comes Everybody*. A concepção de *A cultura da participação* foi o resultado; então, obrigado, Jennifer.

A comunidade do Programa de Telecomunicações Interativas (ITP, na sigla em inglês) da Universidade de Nova York forneceu um lar incrível, para mim e para este trabalho. Red Burns, o fundador, a quem este livro é dedicado; Dan O'Sullivan, o diretor associado; e meus colegas Tom Igoe, Nancy Hechinger, Nick Bilton, Kevin Slavin e Kio Stark, que ofereceram comentários e apoio de vital importância. Devo também agradecer aos alunos atuais e antigos, que sempre fizeram perguntas brilhantes e insistiram em respostas claras, sobretudo Cody Brown, Cheryl Furjanic, Jessica Hammer, John Geraci, Jorge Just, Liesje Hodgson, Steven Lehrburger e Thomas Robertson. Meus assistentes de pesquisa no ITP, John Dimatos e Corey Menscher, também foram fontes vitais de observação a respeito de mídia social.

Chris Anderson, Lili Cheng, Tim O'Reilly, Andrew Stolli e Kevin Werbach, todos ofereceram suas próprias observações, bem como plataformas públicas para o desenvolvimento deste trabalho. Longas conversas com muitos colegas forneceram material e ideias para este livro, incluindo Sunny Bates, Yochai Benkler, Danah Boyd, Caterina Fake, Scott Heiferman, Tom Hennes, Liz Lawley, Beth Noveck, Danny O'Brien, Paul Resnick, Linda Stone, Martin Wattenberg, David Weinberger e Ethan Zuckerman.

Meu agente, John Brockman, ajudou-me a elucidar o que eu queria dizer, e Eamon Dolan e Helen Conford, da Penguin Press, ajudaram-me a dizê-lo. Mel Blake, Ana Dane, Chris Meyer e Vanessa Mobley deram-me úteis e valiosos retornos nas primeiras versões, e Amy Lang foi uma inestimável assistente de pesquisa.

Por fim, é claro, Almaz, minha infinitamente paciente esposa, e Leo e Marina, meus periodicamente pacientes filhos, que foram uma fonte de inspiração e apoio permanente. Obrigado a todos.

Notas

1. Gim, televisão e excedente cognitivo (p.7 a 31)

1. Há várias fontes que registram o número de horas do uso da televisão; embora esse número varie bastante país a país, no mundo desenvolvido elas vão de quase vinte a quase trinta. Uma interessante fonte para o número de horas, junto com análises, é "The Effects of Television Consumption on Social Perceptions: The Use of Priming Procedures to Investigate Psychological Processes", de L.J. Shrum, Robert S. Wyer Jr. e Thomas C. O'Guinn, *The Journal of Consumer Research* 24.4 (1998): 447.
2. Isso é simples extrapolação: se partimos de um número por volta de vinte horas por semana, alguém que cresceu vendo televisão viu cerca de mil horas a cada ano de sua vida. Outra versão da mesma observação está no livro de Robert Kubey *Television and the Quality of Life*: "... um norte-americano típico passaria mais de sete anos inteiros vendo televisão, dos aproximadamente 47 anos *despertos* que cada um de nós vive até os setenta anos de idade."
3. A referência completa é Bruno Frey, Christine Benesch e Alois Stutzer, "Does Watching TV Make Us Happy?", *Journal of Economic Psychology* 28.3 (2007): 283–313.
4. O livro de Jib Fowles é *Why Viewers Watch: A Reappraisal of Television's Effects* (Newbury Park, CA: Sage Publications, 1992), 37.
5. A referência completa para o estudo de Jaye Derrick e Shira Gabriel é "Social Surrogacy: How Favored Television Programs Provide the Experience of Belonging", *Journal of Experimental Social Psychology* 45.2 (2009): 352–62.
6. O artigo de Luigino Bruni e Luca Stanca é "Watching Alone: Relational Goods, Television and Happiness" (Ver TV sozinho: Mercadorias Relacionais, Televisão e Felicidade), de 2008, *Journal of Economic Behavior & Organization* 65.3-4 (2008): 506–28.
7. Com a expansão da economia para lidar com diversos outros tipos de temas sociais mensuráveis, a maioria dos trabalhos mais interessantes sobre o consumo da televisão está agora sendo feita por economistas, inclusive Marco Gui e Luca Stanca. Seu artigo, aqui mencionado, é "Television Viewing, Satisfaction and Happiness: Facts and Fictions", *University of Milan–Biocca, Department of Economics Working Paper Series*, 167 (2009), http://dipeco.economia.unimib.it/repec/pdf/ mibwpaper167.pdf (acessado em 6 de janeiro de 2010).
8. Plutão tem uma órbita tão diferente da dos outros oito planetas do sistema solar que, depois de muita discussão, a União Astronômica Internacional decidiu que ele não seria mais considerado um planeta. Houve muita discussão quanto a essa decisão, antes e depois; um bom resumo da própria decisão é o artigo de Mason Inman "Pluto Not a Planet, Astronomers Rule", *National Geographic*, 24 de agosto

de 2006, http://news.nationalgeographic.com/news/2006/08/060824-pluto-planet.html (acessado em 6 de janeiro de 2010).

9. Depoimento ao autor, abril de 2008.

10. Paul Bond, "Study: Young People Watch Less TV", *Hollywood Reporter*, 17 de dezembro de 2008, http://www.hollywoodreporter.com/hr/content_display/news/e3ic41d147829e712a6a6ecd990ea3a349c (acessado em 7 de janeiro de 2010).

11. Marie-Louise Mares e Emory H. Woodard, "In Search of the Older Audience: Adult Age Differences in Television Viewing", *Journal of Broadcasting and Electronic Media* 50.4 (2006): 595–614.

12. O incrível ensaio de Dan Hill, "Why *Lost* Is Genuinely New Media", foi publicado em seu blog, City of Sound, em 27 de março de 2006, http://www.cityofsound.com/blog/2006/03/why_lost_is_gen.html (acessado em 6 de janeiro de 2010).

13. Depoimento ao autor, dezembro de 2009.

14. Clayton M. Christensen, Scott D. Anthony, Gerald Berstell e Denise Nitterhouse, "Finding the Right Job for Your Product", *MIT Sloan Management Review* 48.3 (2007): 38–47.

15. Os resultados das eleições de 2007 no Quênia foram amplamente discutidos. Uma boa descrição contemporânea é a de Jeffrey Gettleman, "Disputed Vote Plunges Kenya into Bloodshed", *The New York Times*, 31 de dezembro de 2007, http://www.nytimes.com/2007/12/31/world/africa/31kenya.html (acessado em 6 de janeiro de 2010).

16. O papel de Okolloh ao fundar o Ushahidi é descrito por Dorcas Komo em "Kenyan Techie Honored for Role in Tracking Post-Election Violence", *Mshale: The African Community Newspaper*, 3 de julho de 2008, http://mshale.com/article.cfm?articleID=18192 (acessado em 6 de janeiro de 2010).

17. O estudo de Harvard foi escrito por Patrick Meier e Kate Brodock, "Crisis Mapping Kenya's Election Violence: Comparing Mainstream News, Citizen Journalism, and Ushahidi", Iniciativa Humanitária de Harvard, 23 de outubro de 2008, http://irevolution.wordpress.com/2008/10/23/mapping-kenyas-election-violence (acessado em 6 de janeiro de 2010).

18. A maravilhosa coletânea de ensaios de Dave, que inclui "Romancing the Looky-Loos", é *Air Guitar: Essays on Art and Democracy* (West Hollywood, CA: Foundation for Advanced Critical Studies, 1997): 146–54.

19. Há muitas fontes de previsões de aumento do uso da internet e dos telefones celulares. Dois bons artigos são o de Dave Bailey, "Global Internet Population to Hit 2.2. Billion by 2013", *Computing*, 21 de julho de 2009, http://www.computing.co.uk/computing/news/2246433/analyst-online-user-increase, e o de Kirstin Ridley "Global Mobile Phone Use to Pass 3 Billion", Reuters, 27 de junho de 2007, http://uk.reuters.com/article/idUKL2712199720070627 (ambos acessados em 7 de janeiro de 2010).

20. Estimativa da população mundial pela Agência de Referência Populacional, em *2009 World Population Data Sheet* (Washington, D.C.: PRB, 2009): 3, http://www.prb.org/pdf09/09wpds_eng.pdf, e distribuição da idade estimada pela Agência Central de Inteligência em "The World Factbook", https://www.cia.gov/library/

publications/the-world-factbook/geos/xx.html#People (ambos acessados em 7 de janeiro de 2010).

21. O artigo fundamental de Anderson, um marco para as maneiras através das quais conjuntos de coisas exibem novos comportamentos, é "More Is Different", em *Science* 177 (1972): 393–96.

22. A estimativa de crescimento do uso do telefone celular é do MIT Media Lab, em "Camera Culture", http://cameraculture.media.mit.edu (acessado em 7 de janeiro de 2010).

2. Meios (p.32 a 61)

1. Um bom relato dos protestos em Seul, no momento em que aconteciam, está no artigo de Elise Yoon "More Anti-Lee Myung-bak Protests Continue", *The Seoul Times*, 11 de maio de 2008, http://theseoultimes.com/ST/?url=/ST/db/read.php?idx=6585 (acessado em 7 de janeiro de 2010).
2. Mizuki (Mimi) Ito, "Media Literacy and Social Action in a Post-Pokemon World", artigo apresentado como linha diretriz na 55ª conferência anual da NFAIS (National Federation of Advanced Information Services – Federação Nacional de Serviços Avançados de Informação), Filadélfia, PA, 22–24 de fevereiro de 2009), http://www.itofisher.com/mito/publications/media_literacy.html (acessado em 7 de janeiro de 2010).
3. Para uma recapitulação das diversas possibilidades oferecidas aos cidadãos em cidades high-tech, ver "Tech Capitals of the World", *The Age*, 18 de junho de 2007, http://www.theage.com.au/news/technology/tech-capitals-of-the-world/2007/06/16/1181414598292.html (acessado em 7 de janeiro de 2010).
4. "No Bottom to Lee Myung-bak's Approval Ratings", *Anti2mb*, 3 de junho de 2008, http://anti2mb.wordpress.com/2008/06/03/no-bottom-to-lee-myung-baksapproval-ratings (acessado em 7 de janeiro de 2010).
5. Muitos desses vídeos podem ser encontrados no YouTube, como o "Seoul Protest Against Mad-Cow Beef", carregado por um usuário de pseudônimo dawitjaidii, em http://www.youtube.com/watch?v=mf-nutNE_iQ# (acessado em 7 de janeiro de 2010), ou um trio de vídeos sobre a situação carregado por um usuário de pseudônimo digitallatlive em http://www.youtube.com/user/digitallatlive (acessado em 7 de janeiro de 2010). É interessante que muitos vídeos sejam de usuários que criaram contas no YouTube no início de junho de 2008 e carregaram apenas um ou poucos vídeos de protesto, o que sugere que os protestos não apenas contaram com a mídia social, mas também incrementaram seu uso.
6. Jay Rosen usou essa expressão durante muitos anos nesta década, mas a mais coerente declaração de propósitos é o post com esse título no seu blog, em http://journalism.nyu.edu/pubzone/weblogs/pressthink/2006/06/27/ppl_frmr.html (acessado em 8 de janeiro de 2010).

7. Michael Fitzpatrick, "South Korea Wants to Gag the Noisy Internet Rabble", *The Guardian*, 8 de outubro de 2008, http://www.guardian.co.uk/technology/2008/oct/09/news.inter.net (acessado em 8 de janeiro de 2010).
8. Ito fez essas observações no discurso "Media Literacy and Social Action in a Post-Pokemon World", entregue à 55ª conferência anual da NFAIS. Uma transcrição pode ser lida em http://www.itofisher.com/mito/publications/media_literacy.html (acessado em 8 de janeiro de 2010).
9. O testemunho do detetive está em http://www.pickuppal.com/save/blog/res/PrivateInvestigationAffidavit.pdf.
10. Daniel Goldbloom faz um belo comentário a respeito da situação legal do PickupPal em Ontário em "National Post Editorial Board on PickupPal: Carpooling Is Green and Cheap. So Why Is It Illegal in Ontario?", *National Post*, 21 de agosto de 2008, http://network.nationalpost.com/np/blogs/fullcomment/archive/2008/08/21/national-post-editorial-board-on-pickuppal-carpooling-is-green-and-cheap-sowhy-is-it-illegal-in-ontario.aspx (acessado em 8 de janeiro de 2010).
11. O website a favor do movimento Salvem o PickupPal postou uma nota depois da mudança legislativa: "Bill 118 Receives Royal Assent (We Won!)", Save PickupPal em Ontário, 24 de abril de 2008, http://save.pickuppal.com/?p=16 (acessado em 8 de janeiro de 2010).
12. Paul Oskar Kristeller, *Studies in Renaissance Thought and Letters* (Roma, Itália: Ed. di Storia e Letteratura, 1993): 141.
13. David Finkelstein e Alistair McCleery, *An Introduction to Book History* (Londres: Routledge, 2005): 68.
14. Motoko Rich, um crítico literário do *The New York Times*, discute o National Book Awards e as observações de Kingston em seu blog, no *Times*: "National Book Awards: Maxine Hong Kingston 2.0", *The New York Times*, 20 de novembro de 2008, http://papercuts.blogs.nytimes.com/2008/11/20/national-book-awards-maxinehong-kingston-20 (acessado em 8 de janeiro de 2010).
15. William Hazlitt, ed. e trad., *The Table Talk of Martin Luther* (Londres: George Bell & Sons, 1902): 369.
16. Chester Noyes Greenough, *The Works of Edgar Allan Poe: Volumes VII and VIII* (Nova York: Hearst's International Library Co., 1914): 164.
17. O artigo de Melissa McEwan "The Terrible Bargain We Have Regretfully Struck", de 14 de agosto de 2009, no blog Shakesville, pode ser lido em http://shakespeares-sister.blogspot.com/2009/08/terrible-bargain-we-have-regretfully.html. Os comentários são também extraordinários (acessado em 8 de janeiro de 2010).
18. Citado por Kenneth Davis e Joann Giusto-Davis em *Two-Bit Culture: The Paperbacking of America* (Nova York e Boston: Houghton Mifflin, 1984): 68.
19. Nicholas Carr escreve em seu blog, Rough Type. "Sharecropping the Long Tail" é de 19 de dezembro de 2006, http://www.roughtype.com/archives/2006/12/sharecropping_t.php (acessado em 8 de janeiro de 2010).

20. Lisa Napoli cobriu o processo da AOL para o *New York Times:* "Former Volunteers Sue AOL, Seeking Back Pay for Work", *The New York Times,* 26 de março de 1999, http://www.nytimes.com/1999/05/26/nyregion/former-volunteers-sue-aolseeking-back-pay-for-work.html? (acessado em 8 de janeiro de 2010).
21. Brian McWilliams, "AOL Volunteers Sue for Back Wages", *Internet News,* 26 de maio de 1999, http://www.internetnews.com/xSP/article.php/8_127431. O site para a própria ação é http://www.aolclassaction.com, e em 4 de março de 2010 uma notificação oficial da ação foi enviada pelo correio a todos os líderes da comunidade da AOL.
22. William Safire fez essas observações em "What Else Are We Missing?", *The New York Times,* 6 de junho de 2002, http://www.nytimes.com/2002/06/06/opinion/06SAFI.html? (acessado em 8 de janeiro de 2010).
23. Nik Gowing, *"Skyful of Lies" and Black Swans: The New Tyranny of Shifting Information Power in Crisis* (Oxford: Reuters Institute for the Study of Journalism, 2009): 45–46, disponível em PDF via http://reutersinstitute.politics.ox.ac.uk/publications/skyful-of-lies-blackswans.html (acessado em 15 de janeiro de 2010).

3. **Motivo** (p.62 a 89)

1. "Grobanites for Charity: About Us", http://www.grobanitesforcharity.org/about (acessado em 8 de janeiro de 2010).
2. Edward L. Deci, "Intrinsic Motivation, Extrinsic Reinforcement, and Inequity", *Journal of Personality and Social Psychology* 22.1 (1972): 113–20.
3. Bruno S. Frey, *Inspiring Economics: Human Motivations in Political Economy* (Cheltenham, Inglaterra: Edward Elgar Publishing Limited, 2001): 77–81.
4. Bruno S. Frey e Lorenz Goette, "Does Pay Motivate Volunteers?" (Zuerichbergstrasse, Zurique: Institute for Empirical Research in Economics, 1999), http://ideas.repec.org/s/zur/iewwpx.html.
5. A pesquisa de Tomasello com crianças e sua visão de como deveriam ser as coisas, sob alguns limites éticos (um traço chamado "normatividade", ou a compreensão e observância de normas), foi publicado em "The Sources of Normativity: Young Children's Awareness of the Normative Structure of Games", com seus coautores, H. Rakoczy e F. Wameken, em *Developmental Psychology* 44.3 (2008): 875–81.
6. Judy Cameron e David Pierce, "Reinforcement, Reward, and Intrinsic Motivation: A Meta-Analysis", *Review of Educational Research* 64.3 (1994): 363–423.
7. Edward L., Deci, Richard Koestner e Richard Ryan, "A Meta-Analytic Review of Experiments Examining the Effects of Extrinsic Rewards on Intrinsic Motivation", *Psychological Bulletin* 125.6 (1999): 627–68.
8. J. Cameron, K.M. Banko e W.D. Pierce, "Pervasive Negative Effects of Rewards on Intrinsic Motivation: The Myth Continues", *Behavior Analyst* 24 (2001): 1–44.

9. Instituto Americano de Filantropia, "How American Institute of Philanthropy Rates Charities", http://www.charitywatch.org/criteria.html (acessado em 9 de janeiro de 2010).
10. Laura Sanders, em "Gamers Crave Control and Competence, Not Carnage", *Science News* 175.4 (2009): 14.
11. O artigo de Benklar e Nissenbaum, "Commons-Based Peer Production and Virtue", foi publicado no *Journal of Political Philosophy* 14.4 (2006): 394–419.
12. Katherine Stone observou a prevalência de grupos pós-parto em "Postpartum Among Top 10 Fastest Growing Topics at Meetup.com", *Postpartum Progress*, 8 de outubro de 2009, http://postpartumprogress.typepad.com/weblog/2009/10/postpartum-among- top-10-fastest-growing-topics-at-meetupcom.html (acessado em 9 de janeiro de 2010).
13. O nome completo da página de agradecimentos é "Grobanites for Charity – A Special Thank You!" e está em http://www.grobanitesforcharity.org/ty (acessado em 9 de janeiro de 2010).
14. O anúncio público original de Torvalds do que se tornaria o Linux apareceu como uma pergunta sobre um sistema operacional similar, o Minix, em 26 de agosto de 1991, no boletim de discussão global da usenet, com o título "What Would You Like to See Most in Minix?" (O que você mais gostaria de ver no Minix?). Nos dois dias seguintes, seis outros usuários da usenet responderam. (http://groups.google.com/group/comp.os.minix/msg/b813d52cbc5a044b)
15. Sean Leonard, "Celebrating Two Decades of Unlawful Progress: Fan Distribution, Proselytization Commons, and the Explosive Growth of Japanese Animation", *UCLA Entertainment Law Review* (primavera de 2005): http://papers.ssrn.com/sol3/papers.cfm?abstract_id=696402 (acessado em 9 de janeiro de 2010).
16. Yahoo! Health Groups, Crohns: Living with Crohn's Disease, Yahoo! Groups, http://health.groups.yahoo.com/group/Crohns (acessado em 9 de janeiro de 2010).
17. Por Steve Spangler, "CPSIA Could Wage Severe Effects on Consumers, Retailers and the Economy", Steve Spangler Blog, 3 de janeiro de 2009, http://www.stevespangler.com/in-the-news/cpsia-could-wage-severe-effects-on-consumers-retailers-and-the-economy (acessado em 9 de janeiro de 2010).
18. Robert D. Putnam, *Bowling Alone: The Collapse and Revival of American Community* (Nova York: Simon & Schuster, 2000).
19. Nicholas Mirzoeff, conversa pessoal com o autor, 12 de março de 2009.
20. Os artigos de Larry Groznic podem ser lidos em *The Onion*, http://www.theonion.com/content/columnists/view/groznic (acessado em 9 de janeiro de 2010).
21. Robert Covile cobriu a história de Cassandra Claire, enquanto ela se desenrolava, em "Boldly Go Where No One Has Gone Before", *Telegraph*, 27 de janeiro de 2007, http://www.telegraph.co.uk/technology/3350729/Boldly-go-where-no-one-has-gone-before.html (acessado em 9 de janeiro de 2010).
22. As declarações são discutidas por Rebecca Tushnet em "Copyright Law, Fan Practices, and the Rights of the Author", *Fandom: Identities and Communities in a*

Mediated World (Nova York: New York University Press, 2009): 66. Uma pesquisa pela palavra "Disclaimer" em http://www.fanfiction.net/book/Harry_Potter resultará em diversos exemplos do formulário.

23. The Fan History Wiki traz uma discussão desse tópico, intitulada "Cassandra Claire: Profiteering", em http://www.fanhistory.com/wiki/Cassandra_Claire#Profiteering (acessado em 9 de janeiro de 2010).
24. M. G. Siegler, "Every Minute, Just About a Day's Worth of Video Is Now Uploaded to YouTube", *Tech Crunch*, 20 de maio de 2009, http://www.techcrunch.com/2009/05/20/every-minute-just-about-a-days-worth-of-video-is-uploaded-to-youtube (acessado em 9 de janeiro de 2010).
25. "In-depth Study of Twitter: How Much We Tweet, and When", *Royal Pingdom*, 13 de novembro de 2009, Pingdom AB, http://royal.pingdom.com/2009/11/13/in-depth-study-of-twitter-how-much-we-tweet-and-when (acessado em 9 de janeiro de 2010).
26. "Can You Trust Web 2.0?", *.net magazine*, 4 de abril de 2008, Future Publishing, http://www.netmag.co.uk/zine/discover-culture/can-you-trust-web-2-0 (acessado em 9 de janeiro de 2010).
27. Joab Jackson cobriu a campanha em "Hanky-Panky", *Baltimore City Paper*, 6 de maio de 1998, http://www.citypaper.com/columns/story.asp?id=5594 (acessado em 9 de janeiro de 2010).

4. **Oportunidade** (p.90 a 118)

1. "Old People Like the Internet", por Andy McCue, *Silicon*, 14 de novembro de 2003, CBS Interactive Limited, http://www.silicon.com/technology/networks/2003/11/14/old-people-like-the-internet-39116903 (acessado em 9 de janeiro de 2010). "Geezers Need Excitement: What Happens When Old People Go Online", por Michael Agger, *Slate*, 11 de setembro de 2008, http://www.slate.com/id/2199920/ (acessado em 9 de janeiro de 2010). "More Older People Turning to the Internet to Find Love", por Anne D'Innocenzio, *redOrbit*, 29 de setembro de 2004, Associated Press, http://master.redorbit.com/news/technology/89595/more_older_people_turning_to_the_internet_to_find_love/index.html (acessado em 9 de janeiro de 2010).
2. Depoimento ao autor, maio de 2009.
3. Brad Templeton, "The Phone Number Is Dead", Brad Ideas, 1º de outubro de 2005, http://ideas.4brad.com/node/269 (acessado em 9 de janeiro de 2010).
4. Regina Hackett, "Seattle Artists Roll Out Dynamic Skateboard Art Celebrating the Legendary Z Boys", *Seattle Post-Intelligencer*, 3 de fevereiro de 2008, http://www.seattlepi.com/visualart/107733_skateboard08.shtml (acessado em 9 de janeiro de 2010).
5. Eric von Hippel, "Lead Users: A Source of Novel Product Concepts", *Management Science* 32.7 (1986): 791–805.
6. "The Z-BOY Story", Z-Boy, http://z-boy.com (acessado em 9 de janeiro de 2010).

7. Michael Farrell, *Collaborative Circles: Friendship Dynamics and Creative Work* (Nova York: New York University Press, 2001).
8. Werner Güth, Rolf Schmittberger e Bernd Schwarze, "An Experimental Analysis of Ultimatum Bargaining", *Journal of Economic Behaviour and Organization* 3.4 (1982): 367–88.
9. Joseph Henrich, Robert Boyd, Samuel Bowles, Colin Camerer, Ernst Fehr e Herbert Gintis, *Foundations of Human Sociality: Economic Experiments and Ethnographic Evidence from Fifteen Small-Scale Societies* (Oxford: Oxford University Press, 2004).
10. Alexis de Tocqueville, "Chapter XXVII: Public Associations", *Democracy in America, Vol. 2* (Nova York: George Adlard, 1838): 593–607.
11. Elinor Ostrom, *Governing the Commons: The Evolution of Institutions for Common Action* (Cambridge, UK: Cambridge University Press, 1990).
12. Lee Bowman, "Office Workers Add to Coffee Kitty if Watched", Scripps Howard News Service, 28 de junho de 2006, http://www.abqtrib.com/news/2006/jun/28/officeworkers-add-to-coffee-kitty-if-watched (acessado em 7 de janeiro de 2010).
13. H.L. Mencken, *A Mencken Chrestomathy: His Own Selection of His Choicest Writings* (Nova York: Vintage, 1982): 617.
14. "Brian Behlendorf, Founding Member of the Apache Software Foundation Speaks on How Open Source Developers Can Save the World", Bitsource, 6 de outubro de 2009, The Bitsource, http://www.thebitsource.com/2009/10/06/brian-behlendorf-apachecon-keynote (acessado em 9 de janeiro de 2010).
15. John Naughten, "The High Tech Gift Culture", *A Brief History of the Future: Origins of the Internet* (Nova York: The Overlook Press, 2000); também em http://www.briefhistory.com/pages/extract4.htm (acessado em 9 de janeiro de 2010).
16. Dan Ariely, *Predictably Irrational: The Hidden Forces That Shape Our Decisions* (Nova York: Harper, 2008).
17. Yochai Benkler, "Coase's Penguin, or, Linux and the Nature of the Firm", *Yale Law Journal* 112 (2002): 371–99.
18. Spencer E. Ante, "Napster's Shawn Fanning: The Teen Who Woke Up Web Music", *BusinessWeek*, 12 de abril de 2000, Bloomberg, http://www.businessweek.com/ebiz/0004/em0412.htm (acessado em 9 de janeiro de 2010).
19. Benny Evangelista, "News Analysis: Internet Music Will Still Play on Despite Napster's Uncertain Future", *San Francisco Chronicle*, 18 de fevereiro de 2001, Hearst Communications, http://www.sfgate.com/c/a/2001/02/18/BU39387.DTL (acessado em 9 de janeiro de 2010).
20. Citado por John Pitman em "Open Access to Professional Information", *IMS Bulletin* 36.8 (2007): 13.
21. Kevin Kelly, "Triumph of the Default", *The Technium*, 22 de junho de 2009, Creative Commons, http://www.kk.org/thetechnium/archives/2009/06/triumph_of_the.php (acessado em 9 de janeiro de 2010).
22. Sabrina Tavernise, "Young Pakistanis Take One Problem into Their Own Hands", *The New York Times*, 18 de maio de 2009, http://www.nytimes.com/2009/05/19/

world/asia/19trash.html (acessado em 9 de janeiro de 2010). O endereço do site Cidadãos Responsáveis é http://www.zimmedarshehri.com (acessado em 7 de janeiro de 2010).

23. Mark S. Granovetter, "The Strength of Weak Ties", *American Journal of Sociology* 78.6 (1973): 1360.

24. Nicholas Christakis e James Fowler discutem "Social Networks and Happiness" em *Edge* (2008), http://www.edge.org/3rd_culture/christakis_fowler08/christakis_fowler08_index.html (acessado em 9 de janeiro de 2010). Seu livro é *Connected: The Surprising Power of Our Social Networks and How They Shape Our Lives* (O poder das conexões: a importância do networking e como ele molda nossas vidas) (Nova York: Little, Brown, 2009).

5. **Cultura** (p.119 a 143)

1. Uri Gneezy e Aldo Rustichini, "A Fine Is a Price", *Journal of Legal Studies* 29.1 (2000): 1–17.
2. Richard Weld, *A History of the Royal Society* (Londres: John W. Parker, West Strand, 1848): 39.
3. Citado por Lawrence Principe em "Boyle's Alchemical Pursuits", *Robert Boyle Reconsidered* (Robert Boyle repensado), M. Hunter (ed.) (Cambridge, UK: Cambridge University Press,1994), 9.
4. *The Economics of Knowledge*, de Dominique Foray (Cambridge, MA: MIT Press, 2004).
5. Eric von Hippel, *Democratizing Innovation* (Cambridge, MA: MIT Press, 2005): 103–25.
6. Etienne Wenger, *Communities of Practice: Learning, Meaning, and Identity* (Cambridge, UK: Cambridge University Press, 1998).
7. A atitude de Andrew McWilliams é comentada em "Student Faces Facebook Consequences", *Toronto Star*, 6 de março de 2008, http://www.thestar.com/News/GTA/article/309855 (acessado em 9 de janeiro de 2010).
8. James Norrie é citado em "Facebook User Can Stay at Ryerson", *Toronto Star*, 19 de março de 2008, http://www.thestar.com/article/347688 (acessado em 9 de janeiro de 2010).
9. Avenir é citado em "Student 'Plagiarised' Via Facebook", *Times Higher Education*, 20 de março de 2008, TSL Education LTD., http://www.timeshighereducation.co.uk/story.asp?storyCode=401139&sectioncode=26 (acessado em 9 de janeiro de 2010).
10. "The Zagat Effect", de Steven Shaw, foi publicado em *Commentary Magazine* (novembro de 2000): 47–50.
11. Chris Anderson, *Free: The Future of a Radical Price* (Livre: o futuro de um preço radical) (Nova York: Hyperion, 2009): 194–95.
12. "Charting the Course of PLS and PMA", The PatientsLikeMe Blog, 11 de agosto de 2009, http://blog.patientslikeme.com/2009/08/11/charting-the-course-of-pls-and-pma (acessado em 9 de janeiro de 2010).

13. Thomas Goetz conta a história do baclofeno em "Practicing Patients", sobre o crescente envolvimento dos pacientes em todos os aspectos de seu diagnóstico e tratamento. *The New York Times Magazine*, 23 de março de 2008, http://www.nytimes.com/2008/03/23/magazine/23patients-t.html (acessado em 9 de janeiro de 2010).
14. "The Value of Openness", The PatientsLikeMe Blog, 13 de dezembro de 2007, http://blog.patientslikeme.com/2007/12/13/the-value-of-openness (acessado em 9 de janeiro de 2010).

6. Pessoal, comum, público e cívico (p.144 a 160)

1. Lea Graham, "MS Ballmer: Linux Is Communism", *The Register*, 31 de julho de 2000, http://www.theregister.co.uk/2000/07/31/ms_ballmer_linux_is_communism/ (acessado em 10 de janeiro de 2010).
2. "The Faith-Based Encyclopedia", *Technology Commerce Society Daily*, 15 de novembro de 2004, http://www.tcsdaily.com/article.aspx?id=111504A (acessado em 10 de janeiro de 2010).
3. Andrew Keen, *The Cult of the Amateur: How Blogs, MySpace, YouTube, and the Rest of Today's User-Generated Media Are Destroying Our Economy, Our Culture, and Our Values* (Nova York: Broadway Business, 2007): 2. (Ed. bras.: *O culto do amador*: como blogs, MySpace, YouTube e a pirataria digital estão destruindo nossa economia, cultura e valores. Zahar, 2009.)
4. W.R. Bion, *Experience in Groups and Other Papers* (Nova York: Routlege, 1991).
5. "Couch Surfing", *Current TV*, 21 de julho de 2007, http://current.com/items/76406002_couch-surfing.htm (acessado em 10 de janeiro de 2010).
6. Pippa Bacca e Silvia Moro, "Progretto", *Brides on Tour*, http://bridesontour.fotoup.net/progetto.html (acessado em 10 de janeiro de 2010).
7. Laura Kind, "A Plea for Peace in White Goes Dark", *Los Angeles Times*, 31 de maio de 2008, http://articles.latimes.com/2008/may/31/world/fg-pippa31?pg=5 (acessado em 10 de janeiro de 2010).
8. "Young India Vents Anger Over Mangalore Incident on Internet", *Thaindian News*, 27 de janeiro de 2009, http://www.thaindian.com/newsportal/uncat egorized/young-india-vens-anger-over-mangalore-incident-on-internet_100147756.html (acessado em 10 de janeiro de 2010).
9. "Girls Assaulted at Mangalore Pub", *The Times of India*, 26 de janeiro de 2009, http://timesofindia.indiatimes.com/Cities/Girls_assaulted_at_Mangalore_pub/articleshow/4029791.cms (acessado em 10 de janeiro de 2010).
10. Philip Reeves, "'Moral Police' in India to Get Valentine's Underwear", National Public Radio, 13 de fevereiro de 2009, http://www.npr.org/templates/story/story.php?storyId=100624625 (acessado em 10 de janeiro de 2010).
11. Robert Mackey, "Indian Women Fight Violence with Facebook and Underwear", New York Times Lede Blog, 13 de fevereiro de 2009, http://thelede.blogs.nytimes.

com/2009/02/13/indian-women-use-facebook-for-valentines-protest (acessado em 10 de janeiro de 2010).

12. "Muthali Arrested to Save V-Day in Karnataka", *Indian Express*, 13 de fevereiro de 2009, http://www.indianexpress.com/news/muthalik-arrested-to-save-vday-in-karnataka/423184 (acessado em 9 de janeiro de 2010).

13. Do artigo de Gary Kamiya, "The Death of the News", Salon, 17 de fevereiro de 2009, http://www.salon.com/opinion/kamiya/2009/02/17/newspapers/index.html (acessado em 10 de janeiro de 2010).

14. Dean Kamen descreve essa ideia em "You Get What You Celebrate", Xconomy Boston, 2 de janeiro de 2008, http://www.xconomy.com/boston/2008/01/02/you-get-what-you-celebrate (acessado em 10 de janeiro de 2010).

15. "Pierre Omidyar on 'Connecting People'", *BusinessWeek*, 20 de junho de 2005, http://www.businessweek.com/magazine/content/05_25/b3938900.htm (acessado em 10 de janeiro de 2010).

16. Tobias J. Klein, Christian Lambertz, Giancarlo Spagnolo e Konrad O. Stahl, "The Actual Structure of eBay's Feedback Mechanism and Early Evidence on the Effects of Recent Changes", *International Journal of Electronic Business* 7.3 (2009): 301–20.

17. Paul Resnick publicou essas descobertas com seus coautores Richard Zeckhauser, John Swanson e Kate Lockwood, em "The Value of Reputation on eBay: A Controlled Experiment", *Experimental Economics* 9.2 (2006): 79–101.

18. Shawn Pogatchnik discutiu as atitudes de Fitzgerald em "Student Hoaxes World's Media on Wikipedia", MSNBC, 12 de maio de 2009, http://www.msnbc.msn.com/id/30699302 (acessado em 10 de janeiro de 2010).

7. **Procurando o mouse** (p.161 a 188)

1. Steven Weber, *The Success of Open Source* (O Sucesso do Código Aberto) (Cambridge, MA: Harvard University Press, 2005): 272.

2. A Biblioteca Britânica discute a impressão de indulgências por Gutenberg em sua documentação da Bíblia de Gutenberg: http://www.bl.uk/treasures/gutenberg/indulgences.html (acessado em 9 de janeiro de 2010).

3. O lugar de Tetzel na história foi amplamente garantido pelas objeções de Martinho Lutero às indulgências em 1517, mas seu nome reapareceu há pouco tempo, quando a Igreja católica trouxe de volta as indulgências em 2008; discutindo essa mudança, John Allen faz referência à frase de Tetzel no blog Room for Debate, http://roomfordebate.blogs.nytimes.com/2009/02/13/sin-and-its-indulgences (acessado em 7 de janeiro de 2010).

4. Elizabeth Eisenstein, *The Printing Press as an Agent of Change: Communications and Cultural Transformations in Early-Modern Europe* (Cambridge, UK: Cambridge University Press, 1980).

5. Elisabeth van Meer discute essa história em "Plato: From Computer-Based Education to Corporate Social Responsibility", *Iterations: An Interdisciplinary Journal of Software History* (2003): 6–22.
6. Joshua Porter, "The Behavior You're Seeing Is the Behavior You've Designed For", Bokardo, 28 de julho de 2009, http://bokardo.com/archives/the-behavior-youve-designed-for (acessado em 10 de janeiro de 2010).
7. "Be Nice", JavaRanch, http://faq.javaranch.com/java/BeNice (acessado em 10 de janeiro de 2010).
8. Nisan Gabbay, "Flickr Case Study: Still About Tech for Exit?", *Startup Review*, 27 de agosto de 2006, http://www.startup-review.com/blog/flickr-case-study-still-about-tech-for-exit.php (acessado em 10 de janeiro de 2010).
9. Os usuários do programa de configuração do Meetup foram observados pelo autor e discutidos em "Meetup's Dead Simple User Testing", http://www.boingboing.net/2008/12/13/meetups-dead-simple.html (acessado em 9 de janeiro de 2010).
10. Foi o conselho de Brewster Kahle para os esforços de preservação digital da Biblioteca do Congresso que começaram em 2003 (um projeto no qual também trabalhei); essa observação foi feita num encontro em Berkeley, Califórnia, em abril de 2003.
11. David Weinberger fez essa observação numa palestra intitulada "What Groups Will Be" ("O que serão os grupos"), apresentada na O'Reilly Emerging Technology Conference, Santa Clara, CA, em 26 de abril de 2003.
12. O livro de William Strunk, *The Elements of Style* (Geneva, Nova York: Press of W. P. Humphrey, 1918), foi mais tarde atualizado e ampliado por E.B. White, daí seu nome popular.
13. Claude S. Fisher, *America Calling: A Social History of the Telephone to 1940* (Berkeley, CA: University of California Press, 1994): 356.

Índice remissivo